PROJET

DE

BOISEMENT DES BASSES-ALPES.

PROJET

DE

BOISEMENT DES BASSES-ALPES,

PRÉSENTÉ

A S. E. LE MINISTRE SECRÉTAIRE D'ÉTAT DE L'INTÉRIEUR,

Par M. P. H. DUGIED,

EX-PRÉFET DE CE DÉPARTEMENT, CHEVALIER DE L'ORDRE ROYAL DE LA LÉGION D'HONNEUR.

A PARIS,

DE L'IMPRIMERIE ROYALE.

1819.

AVERTISSEMENT.

Ce Mémoire sera trouvé long, je le crains; cependant je dois observer qu'y ayant de nombreuses difficultés dans l'opération que je propose au Gouvernement, il fallait, pour le déterminer à l'entreprendre, les lever les unes après les autres avec détail. L'étendue de terrain que cette opération doit embrasser, les longues années qu'elle demande, les avances considérables où elle engagerait le Gouvernement, le temps plus considérable encore qu'exigerait l'amortissement de ses avances, tout m'imposait l'obligation, non-seulement de démontrer la nécessité de reboiser les montagnes du département des Basses-Alpes, mais encore de bien développer tous les moyens qui me paraissent devoir être indispensablement employés pour y réussir. Or, le pouvais-je sans détails! Sans eux pouvais-je convaincre! pouvais-je espérer que jamais on mettrait la main à une si grande entreprise! Non; et voilà mon ex-cuse pour les longueurs dont ce travail est plein.

Je m'y suis encore laissé entraîner par un autre motif, celui d'être utile à d'autres départemens, dont la position géologique se rapproche plus ou moins de celui des Basses-Alpes. Je me suis dit que, si quelque chose de ce projet pouvait s'appliquer à toute autre opération, le temps que j'y mettais ne serait pas entièrement perdu , et cette pensée m'a encouragé. J'ai compté d'ailleurs sur l'indulgence de ces hommes dont l'utilité publique est la constante occupation, et par qui les imperfections d'un travail sont inaperçues, dès qu'ils y découvrent une vue qui se rattache à ce bien public, objet de toutes leurs méditations.

Déjà j'ai eu la satisfaction de voir ce projet favorablement accueilli par le Conseil d'agriculture. Sur le rapport fait dans son sein, en présence du Ministre de l'intérieur, Son Excellence a décidé qu'il serait imprimé aux frais de son ministère, et envoyé à MM. les Conseillers d'état, les Préfets, les Ingénieurs en chef des départemens, les Membres correspondans du Conseil, et aux Sociétés d'agriculture. Une décision si flatteuse n'emporte point, je le sais, l'approbation de mon travail , puisqu'elle n'a pour but que de provoquer les observations dont il doit être susceptible, afin de les soumettre à la discussion du Conseil d'agriculture ; néanmoins elle est un préjugé en sa faveur, qui me laisse espérer que sa faiblesse sera couverte par l'indulgence des personnes qui le liront.

J'ai fait précéder ce mémoire d'une table très-détaillée, qui seule suffirait pour en donner une idée : elle n'est autre chose que le relevé des analyses des paragraphes dont il se compose.

TABLE
DES MATIÈRES.

INTRODUCTION.

a*

CHAPITRE I.er

Des Défrichemens sur les flancs des Montagnes.

§. I.er

Des nouveaux Défrichemens à empêcher.

§. II.

Des Terres défrichées à raffermir.

(v)

CHAPITRE II.
Du Boisement des Montagnes.

(vj)

§. I.er

Des Primes.

§. II.

Des Graines.

(viij)

§. III.

Des Contributions.

§. IV.

Des Moyens de protéger les Semis.

CHAPITRE III.

De l'Encaissement des Torrens.

(xj)

CHAPITRE IV.

Des Moyens d'amortir les Avances du Gouvernement.

(xij)

§. I.er

De l'Amortissement des Avances du Gouvernement pour le Boisement des Montagnes.

§. II.

De l'Amortissement des Avances du Gouvernement pour la Construction des Digues.

PROJET

DE

BOISEMENT DES BASSES-ALPES.

INTRODUCTION.

Quatre cent trente mille six cent treize hectares [environ un million d'arpens] sont improductifs dans le département des Basses-Alpes ; c'est plus de la moitié de sa superficie. A une époque probablement ancienne, la majeure partie de ces 430,613 hectares était couverte de forêts ; alors la température de la haute Provence, ses eaux, ses vallées, devaient être autres qu'elles ne sont aujourd'hui. La destruction de ces forêts a sans doute été long-temps l'affaire des siècles (1) ; tant qu'elle a été opérée par eux, elle a été lente, et l'effet n'en a été ressenti

430,613 hectares improductifs dans les Basses-Alpes.

La haute Provence autrefois plus fertile.

---

(1) Ceci demande une explication ; car, en général, le temps conserve et crée les forêts, au lieu de les détruire. Par les siècles, j'ai entendu dire ici le temps aidé des hommes, lorsque ceux-ci ne coupaient des arbres que pour leurs besoins, et lorsque les eaux ne creusaient les flancs des montagnes que lentement, parce que les terres étaient retenues par les gazons et les racines dés arbres.

A

qu'imperceptiblement, si je puis m'exprimer ainsi. C'est quand les hommes y ont eu mis la main que le mal a fait de rapides progrès : aussi apprend-on, si l'on entend les vieillards du pays, que, depuis trente années sur-tout, on a vu disparaître plus de champs, plus de prairies, que peut-être il n'en avait été emporté par les torrens dans le cours des deux siècles antérieurs.

Nécessité de recréer les anciennes forêts.

Il est temps de remédier à cet état de choses, il est temps de recréer le passé : le Gouvernement y est intéressé aussi bien que le département, comme je le montrerai bientôt.

Mais, avant d'entrer en matière, je dois, pour les personnes qui s'étonneraient que j'eusse pu m'occuper d'un projet si important dans le cours d'une administration de huit mois, dire qu'en

Première pensée de ce projet.

1818, dès que je fus nommé préfet des Basses-Alpes, on me parla des ravages qu'y exerçaient les torrens ; qu'ainsi je me rendis dans ce département avec l'intention de rechercher s'il serait possible de mettre un frein à ces ravages, et que cette pensée ne m'a point quitté pendant les huit mois qu'a duré mon administration.

Tournée dans le département.

J'étais à peine installé, lorsque le recrutement me fit faire une tournée dans les arrondissemens. Cette opération et la saison avancée ne me permirent pas de les parcourir dans tous les sens ; mais j'en vis assez pour reconnaître l'étendue du mal. Quant à ses causes, je n'ai point à me faire un mérite de les avoir découvertes : là tout le monde les connaît, même les habitans des campagnes ; c'est un grand point, les esprits en sont plus disposés à adopter les moyens de les faire cesser.

En quoi consistent les désastres, quelles sont leurs causes, comment elles ont agi avec une effrayante progression, c'est ce qu'il faut d'abord exposer.

Sa situation sous le rapport des ravages exercés par les torrens.

Le département tire ses principales ressources de ses vallées : or les terres de ses vallées sont maintenant emportées plus d'à moitié. Sa partie haute, qui se compose de l'arrondissement

(3)

de Barcelonnette, de celui de Castellane, de la majeure partie de celui de Digne, offre le spectacle de la plus triste infertilité. Les montagnes y sont presque toutes déboisées : il faut pourtant en excepter la vallée de Barcelonnette ; là elles se couvrent encore de riches herbages, et, chaque printemps, des milliers de moutons y arrivent en foule de la terre d'Arles (1), pour se refaire des fatigues de l'hiver et se mettre en état de supporter le suivant. Ailleurs les montagnes ont cessé et cessent successivement d'être couvertes de pâturages. L'œil ne rencontre que des rochers nus, ou de vastes parties noirâtres que l'on croirait formées de terre végétale, mais qui, n'étant que le résultat de la décomposition d'ardoises incomplètes, sans cesse altérées par l'intempérie des saisons, se refusent à toute végétation. Les monts hérissés de rochers sont encore moins hideux : du moins quelques buis, quelques genêts, croissent dans leurs fissures ; malheureusement, chaque jour arrachés pour faire des fumiers, chaque jour ils deviennent plus rares ; et quand ils auront cessé (époque qui n'est pas éloignée), la disette d'engrais, qui existe déjà, sera décuplée, l'agriculture aura décru dans la même proportion, et la population sera contrainte de quitter un sol qui ne pourra plus la nourrir.

Cette déplorable situation a deux grandes causes : la première est la destruction des forêts ; la seconde, la manie des défrichemens.

Par suite de ces deux causes, les meilleures terres ont été emportées et le sont tous les jours par les torrens. Rien n'est affligeant comme de voir les vallées couvertes de cailloux dans

---

(1) Sous le nom de *terre d'Arles*, toute la Camargue est comprise. Cette île, située à l'embouchure du Rhône, forme un triangle de sept lieues de longueur, environ, sur chacun de ses trois côtés.

A*

presque toute leur largeur, et sillonnées seulement de quelques filets d'eau. En apercevant pour la première fois ces vastes lits de cailloux, on se demande quelle puissance inconnue a pu y amener tant de débris; mais, lorsqu'on s'élève sur les hauts sommets, que l'œil, après avoir embrassé les monts moins élevés, pénètre jusqu'au fond des vallées, alors le voile qui couvre la cause de tant de ravages se soulève, et l'on reconnaît que l'homme est le principal auteur de la désolation qui règne autour de lui.

Effets physiques produits par les hautes montagnes, lorsqu'elles sont boisées.

En effet, il est reconnu que les hautes montagnes exercent une attraction sur les nuages, et que cette attraction est la plus grande possible, lorsque les sommets sont boisés; alors les nuages sont non-seulement attirés, mais retenus : forcés de se résoudre en rosée, ils entretiennent le pied des forêts dans une humidité permanente. Pénétrant jusqu'aux réservoirs préparés par la nature, cette humidité alimente les sources et tient les eaux à un niveau presque constant: que si l'imprudence des hommes vient à détruire les forêts, la face des lieux change aussitôt.

Effets physiques résultant de leur déboisement.

L'effet du déboisement est de détruire la double attraction des forêts et des sommets; la première n'existant plus, la dernière seule ne suffit pas pour retenir les nuages : ils obéissent aux vents les plus légers, et portent ailleurs le bienfait de leurs eaux. C'est ainsi que l'on passe, dans les Alpes, des mois, presque des années, sans recevoir de pluies; puis tout-à-coup les nuages arrivent de tous les points de l'horizon, s'entassent comme pressés par des vents opposés, et fondent en torrens qui entraînent tout dans leur cours. Dans les pays très-élevés, dégarnis de forêts, il n'est guère, pour avoir des eaux, d'autre chance que celle des orages; mais, dans cette chance, on pourrait presque dire que le mal l'emporte sur le bien, car les eaux versées par les orages sont dévastatrices.

Si l'on ajoute au déboisement des sommets les défrichemens non moins imprudens qui ont été exécutés depuis trente ans sur les flancs des montagnes, on connaîtra la seconde cause de la situation des Basses-Alpes, et l'on concevra dans quelle progression le mal a dû s'accroître, sur-tout lorsqu'on saura que les pentes de ces montagnes forment avec l'horizon des angles de 65, 70, même 75 degrés. Sous une inclinaison si rapide, il est impossible à des terres remuées de résister aux orages : comment le feraient-elles, quand des pluies ordinaires suffisent pour les entraîner (1)? Dans les pays très-élevés, les gouttes d'eau ont un volume beaucoup plus gros que dans les pays de plaine, parce que, parcourant moins d'espace, elles sont moins divisées par l'air. Ayant plus de volume, elles sont plus pesantes et tombent conséquemment avec plus de rapidité. On voit par là combien leur action est augmentée, puisqu'elle est le produit de leur masse par leur vîtesse : aussi ces terres imprudemment remuées, qui, par hasard, auront, la première année, échappé aux orages et présenté l'appât d'abondantes moissons, l'année suivante ont été emportées tout entières dans les vallées, et à leur suite les débris des rochers y sont aussi descendus. Ainsi s'est élevé le lit des torrens, et leurs eaux, déversées de plus en plus sur les bords, ont, chaque année, entraîné davantage de meilleures terres des vallées, et en ont couvert davantage des débris des rochers.

Résultats des défrichemens.

Degré d'inclinaison des montagnes avec l'horizon.

Effets des pluies d'orage.

---

(1) Ce n'est guère que dans les pays de hautes montagnes qu'on essuie ces flaques d'eau qui entraînent tout, habitations, terres, arbres et jusqu'aux rochers. Voici comment s'explique ce phénomène : lorsque des nuages s'engagent dans des gorges étroites, et qu'au même instant il arrive un abaissement considérable dans la température, alors il y a condensation subite des molécules d'eau qui composent les nuages; et cette eau ne pouvant ni être soutenue par l'air, ni divisée par lui, vu son volume et le peu d'espace à parcourir, elle tombe de tout son poids, et rien ne lui résiste.

Crainte d'une prochaine dépopulation dans la partie haute du département.

Telles sont les causes de la triste situation du département. On peut avancer avec certitude que si l'on ne se hâte d'y porter remède, bientôt sa population ira diminuant dans sa partie haute, et cela avec une rapidité qui ne s'expliquera que par ce qui précède.

Qu'il est encore temps de remédier au mal.

Je ne sais si je m'abuse, mais je crois qu'on peut réparer le mal ; je crois sur-tout qu'il est temps de s'en occuper : encore un quart de siècle, et peut-être serait-il trop tard, parce que les meilleures terres qui existent sur les montagnes, sillonnées par les orages, seraient emportées ; or c'est par elles que doivent se recréer les champs dévastés, lorsque les digues à construire seront exécutées.

Hardiesse de l'entreprise ;

L'entreprise est grande, et d'autant plus hardie, qu'il y faut une persévérance et une direction constantes de la part de l'administration, comme une docilité et des efforts soutenus de la part des habitans.

Temps qu'elle exigerait ;

C'est d'environ trente années que datent les plus grands désastres ; un demi-siècle sera nécessaire pour les réparer : mais il ne faut point s'en effrayer. Qui s'occupera des projets dont la brièveté de la vie des hommes ne leur permet pas même de tenter l'exécution, si ce n'est le Gouvernement ? D'ailleurs, comme je l'ai dit plus haut, il est intéressé, plus qu'on ne croirait, à réaliser celui que je lui soumets.

Intérêt du Gouvernement à son exécution.

Que l'on ne s'imagine point en effet que le département des Basses-Alpes recueillera seul les fruits de l'opération que je propose ; les trois départemens formés de l'ancienne Provence y participeront presque également : ceci pourrait surprendre au premier coup-d'œil ; mais, si l'on considère l'influence que le vaste plateau des Alpes, avec ses hauts sommets, ses profondes vallées, ses neiges et ses glaces éternelles, doit exercer sur l'atmosphère, à une distance qu'il n'est pas donné aux

Influence du plateau des Alpes ;

hommes de calculer, on sera persuadé qu'une partie de la France subit cette influence. C'est sans doute au déboisement des derniers gradins de ce plateau, du côté de la Provence, que cette contrée si renommée, si riche, doit d'avoir vu ses oliviers, ses fruits à noyau, et sur-tout ses amandiers, geler depuis vingt-cinq à trente ans plus souvent qu'autrefois. Peut-être aussi, ces vents inconnus, ces tardives gelées, qui ont désolé les vignobles de la Franche-Comté, de la Bourgogne et d'autres provinces, depuis le même temps, doivent-ils être attribués à la même cause.

Si tant de mal découlait du déboisement des parties inférieures du plateau des Alpes, le Gouvernement ne serait-il pas intéressé à le réparer, et ne devrait-il pas y porter un prompt remède, sans s'arrêter à ce qu'il pourrait lui en coûter? Ce qu'il dépenserait d'un côté, l'agriculture le gagnerait de l'autre au centuple. D'ailleurs il dépend du Département que les dépenses du Gouvernement ne soient que des avances, et je connais trop le bon esprit qui anime les membres du Conseil général, pour ne pas être certain qu'il voudra tout ce qui dépend de lui.

J'entre denc dans l'exposé des mesures qui me semblent devoir être prises, afin de prévenir la dépopulation de la partie haute du département des Basses-Alpes, et de lui rendre son ancienne prospérité; je veux dire au moins toute celle dont il est susceptible. Pour arriver à ce but, il faut diminuer la masse et l'impétuosité de ses torrens, reconquérir sur eux, et par eux, les terres qu'ils ont enlevées à l'agriculture, et les empêcher principalement d'emporter ou d'ensabler le reste de celles des vallées.

Ces mesures seraient,

1.º D'empêcher tout nouveau défrichement sur le penchant des montagnes, et de rendre aux terres remuées par les défrichemens déjà exécutés leur adhérence primitive;

2.º De boiser le sommet et le flanc des montagnes;
3.º D'encaisser les torrens.

Ces mesures seront la matière de trois chapitres différens, dans chacun desquels je traiterai tout ce qui s'y rattachera. Un quatrième, et dernier, aura pour objet d'exposer les moyens qui me semblent devoir être adoptés pour couvrir les avances du Gouvernement.

CHAPITRE I.er

Des Défrichemens sur les flancs des Montagnes.

Nous venons de voir que les premières mesures que je propose pour arriver à la régénération du département, consistent à empêcher tout défrichement nouveau, et à raffermir les terres déjà défrichées ; ce chapitre sera conséquemment divisé en deux paragraphes.

Qu'il faut réparer le mal causé par les anciens défrichemens, et en empêcher de nouveaux.

§. I.er

Empêcher de nouveaux Défrichemens.

Empêcher de nouveaux défrichemens est aussi nécessaire dans les pays de hautes montagnes, qu'il est utile de les favoriser dans les pays de plaines. Dans les plaines, l'agriculture s'en augmente ; dans les pays de montagnes, les défrichemens, après y avoir donné un accroissement éphémère, causent des dommages irréparables.

Les défrichemens, utiles dans les plaines, sont dangereux dans les pays très-élevés,

L'ordonnance de 1667 avait été rendue dans des vues d'une haute prévoyance ; elle prononçait une amende de 3000 francs contre tous ceux qui défricheraient des *terrains en pente, non boisés*, parce qu'elle voulait prévenir la dépopulation du pays : mais depuis long-temps cette ordonnance a paru trop rigoureuse aux tribunaux ; et, n'envisageant que les individus sur qui elle frappait, ils n'ont prononcé pour ce délit que de modiques

Ordonnance de 1667 pour les y réprimer sur les terrains *en pente, non boisés,*

Trouvée trop rigoureuse par les tribunaux,

Leurs amendes légères n'arrêtent point le mal.

amendes qui ont aggravé le mal au lieu de l'arrêter (1). En effet, ces amendes ne pouvant être mises en comparaison avec le bénéfice que présente une seule récolte dans un terrain nouvellement défriché, il n'est pas un habitant de la campagne qui n'en coure volontiers les risques.

La loi du 9 floréal an 11, qu'ils appliquent, ne concerne que les défrichemens dans les terrains boisés.

Les tribunaux ne s'appuient que sur la loi du 9 floréal an 11 ; et, conduits à des conséquences erronées par l'application d'une loi qui ne concerne que les défrichemens commis dans les terrains *boisés*, ils ordonnent la remise en nature de bois, de terrains qui n'y étaient pas auparavant.

Dès-lors on pourrait croire que ces jugemens opèrent beaucoup de bien, et que, s'il y a de nombreux défrichemens, il y a de nombreuses condamnations, et, par suite, une quantité considérable de terrains non boisés mise chaque année en nature de bois. Si on le croyait, on se tromperait : d'abord, il s'en faut beaucoup que tous les défrichemens soient constatés par des procès-verbaux ; tantôt par la difficulté de connaître les délinquans, tantôt par la crainte de se faire des ennemis, &c.....

Inexécution des jugemens en ce qui concerne le boisement des terrains défrichés.

ensuite, parce que, sur vingt jugemens de cette espèce, très-peu reçoivent une entière exécution, peut-être même pas un, sous le rapport du boisement. Il vaudrait donc cent fois mieux arrêter les défrichemens par la crainte d'une amende, en apparence hors de proportion avec le délit, que d'ordonner des reboisemens qui ne s'effectuent point, et de prononcer des amendes qui n'effraient personne.

Nécessité d'une sévérité plus grande.

Essais à cet égard.

A différentes reprises, les tribunaux ont essayé l'effet que de

______

(1) Mon intention, je le déclare ici formellement, n'est pas d'inculper ces tribunaux en quoi que ce soit. Dans la discussion d'une matière aussi importante, j'ai dû dire toutes les causes auxquelles j'attribue la situation actuelle du département des Basses-Alpes : je ne l'ai fait qu'en vue de son plus grand intérêt, avec l'espérance que l'on s'occuperait de réparer le mal.

plus fortes pourraient produire, mais ce n'était toujours pas celle prescrite par l'ordonnance de 1667; et ces amendes étant, comme d'ordinaire, tombées sur des malheureux, ceux-ci, en justifiant de leur indigence, ont obtenu remise de la majeure partie de la somme à laquelle ils avaient été condamnés. Alors, et bien malheureusement, les tribunaux ont vu là une sorte d'infirmation de leurs jugemens; de sorte qu'ils ont bientôt renoncé à être rigoureux.

Pourquoi ils n'ont pas duré.

Cependant ils n'auraient dû calculer que les résultats. La remise d'une partie de l'amende était toujours douteuse : lorsqu'on l'obtenait, cette remise était une grâce; celui même qui en avait été l'objet, avait encore à supporter des frais considérables pour lesquels il subissait souvent la contrainte par corps; il se ressentait long-temps d'un pareil jugement; long-temps il était l'exemple des dangers des défrichemens illicites.

Nécessité de faire exécuter l'ordonnance de 1667.

Je crois donc que, pour pouvoir arriver aux résultats que s'était proposés l'ordonnance de 1667, il serait nécessaire que Son Excellence le Ministre de la justice rappelât aux tribunaux du département, que cette ordonnance étant locale, et n'ayant été abrogée par aucune loi postérieure, elle doit recevoir son exécution toutes les fois qu'il se commet des défrichemens dans des terrains en pente *non boisés*.

Une pareille invitation de la part de Son Excellence ne saurait être considérée comme une influence. Les tribunaux s'appuient sur une loi qui n'est applicable qu'aux terrains *boisés*. Les ramener à l'observation d'une ordonnance spéciale non abrogée, est entièrement dans les attributions du Ministre de la justice. Au reste, je montrerai, au paragraphe suivant, que cette ordonnance est incomplète, et a besoin d'être modifiée.

B *

§. II.

Raffermir les Terres défrichées.

Tout auteur de défrichemens dans un terrain en pente, *non boisé*, devrait être condamné à le convertir en prairies artificielles,

Et le propriétaire, à défaut de l'auteur.

L'administration devrait pouvoir l'y astreindre, lorsque l'action des tribunaux ne pourrait avoir lieu.

Que s'il y a impossibilité pour le passé, il faudrait que cette disposition fût insérée dans la loi qui remplacerait l'ordonnance de 1667.

Prévenir les nouveaux défrichemens est sans doute très-important ; mais il ne le serait pas moins de pouvoir réparer le mal causé par ceux déjà exécutés : il serait donc à desirer que l'on pût faire consolider les terres remuées sur les pentes, non encore descendues dans les torrens, par tous ceux qui en ont détruit l'adhérence, et pour cela qu'on pût les condamner, s'ils étaient connus, à convertir ces terres en prairies artificielles ; que si les auteurs de ces défrichemens étaient inconnus, il faudrait qu'on pût condamner les propriétaires. Enfin, si les délais déterminés par la loi pour constater les délits, et les poursuivre lorsqu'ils sont constatés, étaient écoulés, et qu'il ne fût plus au pouvoir des tribunaux d'en connaître, il serait encore à desirer que l'administration pût faire ce qui ne dépendrait plus d'eux ; sans cela, pour les quatre cinquièmes des terres défrichées, le mal est irréparable.

Je sais que les lois ne permettent pas plus à l'administration qu'aux tribunaux des actes rétroactifs : mais ici la chose a une conséquence si majeure, que si ce que je desire n'est pas possible, il ne saurait être blâmable de souhaiter qu'elle le fût.

Si, pour le passé, il n'y a rien à espérer ; si, pour obtenir que les terres défrichées soient converties en prairies artificielles, il ne reste à l'administration que la voie de la persuasion, presque toujours stérile en résultats lorsqu'elle parle plutôt pour l'intérêt public que pour l'intérêt privé, du moins ce que je desire est possible pour les défrichemens à venir ; et comme l'ordonnance de 1667 ne porte rien à cet égard, on pourrait la remplacer par une loi, et y insérer les dispositions ci-dessus.

Ces dispositions étant une peine réelle, il y aurait lieu de modérer l'amende de 3000 fr., déterminée par l'ordonnance ci-dessus; alors on serait plus sûr de son application.

La loi qui la remplacerait, pourrait aussi statuer qu'elle serait applicable à tels ou tels départemens qui y seraient nominativement désignés, leur position géographique en plaçant plusieurs dans la catégorie de celui des Basses-Alpes.

La proposition qui tend à ce que le propriétaire de tout terrain qui, à l'avenir, serait défriché, fût condamné par les tribunaux à le convertir en prairies artificielles, si l'auteur du défrichement n'était pas connu, ou s'il n'était pas légalement constaté, ne manquera pas de paraître arbitraire ; et le vœu, que l'administration pût y contraindre le propriétaire, à défaut des tribunaux, ne le semblera pas moins. A l'inculpation qui pourrait m'être faite à ce sujet, je répondrai que là où le règne de la loi finit, l'administration a souvent le droit d'intervenir, parce qu'elle est protectrice des intérêts généraux. Ainsi là où un mal public est évidemment à craindre, elle doit prendre des mesures pour le prévenir. C'est d'après ce principe qu'elle oblige un propriétaire à démolir sa maison lorsqu'elle menace ruine, et même la fait démolir aux frais de ce propriétaire, s'il s'y refuse.

Quant au cas particulier qui nous occupe, rien n'est si aisé à justifier que mon opinion : le défrichement sur une côte rapide est une œuvre qui n'est pas seulement dommageable au propriétaire du fonds, elle l'est, on peut dire, à tous les propriétaires, riverains d'un torrent, qui sont placés au-dessous du point où le premier orage peut entraîner les terres dont l'adhérence a été détruite; parce que, comme il a été dit plus haut, à la suite des terres descendent les débris des rochers : or ces débris élèvent le lit du torrent; font, lors de leurs gonflemens soudains, déverser davantage les eaux sur leurs bords, et conséquemment hâtent la ruine des propriétés riveraines.

On ne serait pas reçu à dire que le dommage n'est pas palpable ; qu'il n'est pas arrivé ; que tant qu'il n'est pas arrivé, il ne peut y avoir lieu à une peine. C'est précisément parce qu'il n'est pas arrivé, qu'il faut le prévenir. S'il n'est point palpable, il n'en est pas moins évident ; et comme il y a non pas un seul propriétaire intéressé à ce qu'on le prévienne, mais un grand nombre, c'est à l'administration d'intervenir pour empêcher qu'il n'arrive. Tout propriétaire qui laisse subsister sur son fonds une œuvre dont le dommage ne saurait être borné à lui seul, peut être obligé par elle à le prévenir à ses frais. Par le même motif, si le défrichement a été constaté en temps utile, et que l'auteur en soit inconnu, les tribunaux peuvent, à son défaut, condamner le propriétaire à remettre les choses dans un état qui ne nuise à personne ; ce qui, dans ce cas-ci, ne peut se faire que par la conversion en prairies artificielles des terrains défrichés.

Les communes seraient, comme les particuliers, tenues de convertir en prairies artificielles les terrains défrichés dont elles seraient propriétaires.

Je n'ai pas besoin d'ajouter que les communes, propriétaires des terrains défrichés, seraient astreintes, de même que les particuliers, à couvrir ces terres de prairies artificielles ; ce serait même un assez bon moyen d'amener les gardes champêtres à un peu plus de surveillance, et conséquemment aussi d'amener les communes à leur assigner un salaire suffisant. Je reviendrai plus tard sur cet objet. Les frais de semis, à la charge des communes, seraient portés à leurs budgets, et alloués par le préfet.

Le sainfoin est ce qui convient le mieux pour les établir.

Pour créer des prairies artificielles sur les penchans des montagnes, le sainfoin serait ce qui conviendrait le mieux ; il réussirait d'autant plus sûrement qu'on emploierait plus de précautions pour le protéger contre le bétail. Les haies seraient, dit-on, indispensables pour sa conservation : mais, indépendamment de ce que ce moyen-là est trop dispendieux, je doute fort qu'il se

(15)

trouvât du bois à portée de tous les terrains qui ont été défrichés. Voici, au reste, ce que m'écrivait à ce sujet M. Bermond
de Vaulx, maire de Noyers, arrondissement de Sisteron. Lui
et son frère sont deux agronomes très-distingués, qui ont reçu,
il y a quelques années, une médaille d'or du Gouvernement,
pour prix des travaux qu'ils ont exécutés, à quelques lieues de
Sisteron, dans un domaine où tout était à créer, où les difficultés
du terrain étaient extrêmes presque par-tout, et où, à force de
persévérance, de lumières, de soins, et aussi d'argent, ils ont
obtenu des succès qui tiennent du prodige.

Je laisserai parler M. Bermond de Vaulx lui-même :

« Il y a douze ans environ, que, desirant utiliser à la com-
» mune de Noyers, des terres jadis couvertes de bois, défrichées
» depuis la révolution, puis épuisées à un point inconcevable,
» nous résolûmes de les affermer et de les couvrir de sainfoin.
» Nos semis réussirent à merveille. Rien n'était plus satisfaisant
» que de voir, à cette hauteur, le sainfoin substitué aux céréales
» qui n'y voulaient plus rien donner, et couvrir d'une riche ver-
» dure des terres qui, peu auparavant, ne présentaient qu'une
» image d'abandon et de stérilité. Peu à peu le terrain se raffer-
» mit en se gazonnant, et les eaux n'y firent plus de mal. Nous
» avons joui huit ans de cette prairie ; et l'opération eût été
» avantageuse, si nous n'avions négligé, la première année, de la
» mettre à l'abri des troupeaux étrangers. Mais, faute de ce soin,
» que la brièveté de notre bail ne nous permettait pas de
» prendre, notre location fut trop souvent envahie par le bétail ;
» et n'ayant plus le courage d'étendre notre culture, nous l'avons
» enfin abandonnée à la commune, qui n'en tire aucun revenu,
» mais qui voit sa propriété assurée contre les pluies d'orage,
» qui, divisées par le gazon, n'y font plus le moindre mal. »

Dans cette expérience, dont MM. Bermond de Vaulx n'ont

dont seraient les prairies artificielles pour raffermir les terrains en pente ébranlés par les défrichemens.

pas été complètement satisfaits, je trouve tous les motifs d'encouragement qui peuvent porter à la tenter en grand. On y voit que les semis avaient parfaitement réussi, quoique sur un sol épuisé ; que ces agriculteurs distingués ont joui huit ans de leur sainfoin, sans pourtant avoir rien fait pour le défendre du bétail ; et enfin, ce qui est le but principal auquel je tends, que la terre s'était raffermie, au point que les pluies d'orage ne lui causaient plus le moindre mal.

Il y a donc là tout ce que l'on peut desirer d'obtenir, lorsqu'on ne prend aucune précaution ; et, bien certainement, le propriétaire qui voudra en prendre davantage, sera bien sûr d'en recueillir les fruits.

Une fois raffermis, ces terrains pourraient être boisés à leur tour.

Lorsque le sol sera raffermi, et les sainfoins usés, ces terrains pourront être mis en nature de bois avec certitude du succès ; ils concourront alors au grand but de l'opération.

CHAPITRE II.

Du Boisement des Montagnes.

Couvrir de bois les sommets des montagnes, leurs flancs, et toutes les terres incultes qui en sont susceptibles, est le moyen principal d'arriver au but que nous nous proposons ; savoir, de rétablir les climats, d'obtenir des cours d'eau plus abondans et plus constans, de diminuer la chance des orages, et, par suite, de rendre plus facile l'encaissement des torrens. Nous allons donc entrer dans tous les détails de cette importante opération.

Boiser les sommets et sur-tout les flancs des montagnes semble difficile, puisque ces flancs sont quelquefois très-abrupts, et quelquefois dépourvus presque entièrement de terre végétale; mais c'est l'ouvrage du temps et de la persévérance. Quant aux montagnes qui montrent le rocher à nu, il est des espèces d'arbres qui naissent et croissent dans les fentes mêmes de ces rochers; on peut les employer, on peut aussi y semer des buis et des genêts pour augmenter la matière des engrais.

L'absence de la terre végétale est un grand obstacle sans doute ; mais qui ne sait qu'elle se crée avec le temps, et que là où il n'y en a nulle trace aujourd'hui, un demi-siècle peut élever une forêt? Des bancs de rochers qui ont apparu dépourvus de toute végétation aux navigateurs qui les ont aperçus les premiers, ne sont-ils pas maintenant couverts de verdure?

Il n'a fallu qu'une graine apportée par les vents, quelque-

C

fois par un oiseau, ou même tombée d'un vaisseau, pour opérer cette heureuse métamorphose. Qu'est-il arrivé? La semence a germé, et la jeune plante s'est engraissée de ses propres débris; de même une forêt, après avoir vécu par ses feuilles quand elle en était parée, s'en nourrit encore lorsqu'elles sont tombées à ses pieds.

Il faut donc semer; que les hommes y mettent la main, qu'ils sachent protéger leur ouvrage, et le temps fera le reste.

D'ailleurs je ne propose que de commencer par semer les terrains qui, dès ce moment, en sont le plus susceptibles; le succès servira d'encouragement. Des terres bonnes on passera à de médiocres; des médiocres à de plus mauvaises encore : de proche en proche on peut ainsi créer de vastes forêts, et par elles produire un bien immense.

De quoi se composent les 430,613 hectares improductifs dans le département;

Sur 745,000 hectares, le département des Basses-Alpes en renferme plus de la moitié d'improductifs, situation aussi effrayante qu'affligeante, et déjà annoncée au commencement de ce Mémoire.

Les chemins sont évalués à. . . . .   3,826 hectares.
Les rivières et torrens, à. . . . .   35,469.
Les terrains vagues, à. . . . . 316,027.
Et les bruyères, à. . . . .   75,291.

TOTAL. . . . . 430,613 hectares.

Si l'on en retranche la superficie des chemins et torrens, ci. . . . .   39,295.

il restera en terre inculte. . . . . 391,318 hectares.

Si l'on veut, on peut encore retrancher les bruyères qui fournissent des engrais et

A reporter. . . . . . . 391,318 hectares.

Report...... 391,318 hectares.

servent à la vaine pâture, quoique ces bruyères aient besoin d'être resemées en buis et en genêts, pour retenir davantage les terres, fournir pius de matières d'engrais, et servir plus utilement à la vaine pâture, ci............................. 75,291

Il ne resterait pas moins en terres vagues.. 316,027 hectares.

Le directeur des contributions du département évalue, d'après les données prises des cantons déjà cadastrés, à 336,400 hectares approximativement, la quantité de terres incultes, susceptibles d'être plantées en bois dans le département : ainsi les résultats de ses calculs diffèrent bien peu de ceux où j'ai puisé.

Sur cette quantité, si l'on défalque, pour les pentes trop ardues, les montagnes schisteuses, les rochers, les parties enfin où le succès est plus douteux, 116,027 hectares, ce qui est plus du tiers, il restera 200,000 hectares que l'on peut espérer de semer avec succès : je les réduis encore à 150,000.

Ce qui peut en être converti en forêts avec succès.

Mais comme, dans une pareille opération, je ne veux point paraître rien livrer au hasard, je me hâte de dire qu'il ne s'agit pas de semer ces 150,000 hectares en quelques années ; je propose seulement d'en semer 2 ou 3000 par chaque année. Si l'opération a du succès, on la continuera ; si elle n'en a point, on s'arrêtera : de cette manière on ne risquera jamais de compromettre beaucoup d'avances.

Avant d'aller plus loin, je dois exposer les principaux obstacles qu'éprouvera l'opération ; ils naîtront de la grande division des propriétés, du peu de contributions que paient les terres incultes, et principalement du peu de profit que les propriétaires retireront des nouvelles forêts.

Principaux obstacles qu'éprouvera l'opération ;

C*

Ils viendront, 1.º de la division des propriétés ;

L'extrême division des propriétés est une difficulté ; car on conçoit qu'un particulier qui possède plusieurs hectares incultes, en grandes pièces, cherche à en tirer un parti quelconque, ne fût-ce que pour jouir des avantages par lesquels on encouragera les semis : mais qu'un homme qui n'a qu'un quart, qu'une moitié d'arpent, veuille planter, cela est douteux ; et d'ailleurs faudra-t-il recevoir des déclarations pour des parcelles de terre si minimes ? Je ne le crois pas, à moins que plusieurs possesseurs de petites propriétés, contiguës, ne prennent à-la-fois l'engagement de semer, condition qu'il semblerait convenable d'imposer.

2.º De l'exiguité de l'impôt payé par les terres incultes ;

L'exiguité des contributions payées par les terres incultes dans les Basses-Alpes, est un second obstacle, et plus puissant que le premier. En effet, cette contribution est de 22 centimes par hectare, terme moyen, pour tout le département ; cela vaut-il la peine qu'on s'occupe de tirer parti du terrain sur lequel cette légère contribution est assise ?

3.º Du peu d'utilité dont les nouvelles forêts seront pour les propriétaires.

Enfin, le peu d'utilité dont les forêts nouvelles seraient pour leurs propriétaires, est, à mes yeux, la plus grande difficulté à surmonter. Les bois viendraient à souhait, que, pour une grande partie, l'exploitation serait d'une extrême difficulté. Sur les sommets trop élevés, les pentes trop rapides, comment les abattre ? comment les extraire des coupes ? Le propriétaire n'appréhendera-t-il pas de voir augmenter la contribution qui était assise sur son terrain alors qu'il était inculte, s'il ne croit pas à la possibilité d'en tirer parti quand il sera boisé ? Certes, j'aborde assez franchement les difficultés de mon sujet, pour inspirer quelque confiance lorsque je les combattrai. Je vais, j'espère, augmenter cette confiance en entrant encore plus avant dans les difficultés ; je ne veux en dissimuler aucune, et je dirai que si l'on se flattait d'assurer la consommation des bois par des fabriques, on se tromperait. On pourra, il est vrai, en former sur quelques points : mais je doute qu'elles se maintiennent long-temps ; d'abord, parce que les Basses-Alpes sont peu riches en minéraux ; ensuite, parce que, les transports étant d'une très-grande difficulté, et conséquemment très-coûteux, les produits de ces fabriques soutiendraient avec peine la concurrence avec les produits des fabriques des départemens voisins. Que serait-ce que d'être borné à la seule consommation du pays ?

Maintenant, voici les réflexions qui doivent atténuer toutes les difficultés que j'ai exposées avec tant de franchise, et plutôt en les augmentant, qu'en cherchant à les pallier.

Relativement à la division des propriétés, je dirai que si cette division est grande pour les terres cultivées, elle l'est beaucoup moins pour les terres incultes ; il n'est pas rare de voir des montagnes entières possédées par des communes, et même par des particuliers.

Observations sur la division des propriétés,

Quant à la contribution, on serait dédommagé de la légère augmentation qu'elle subira par la seule vaine pâture, si même il n'y avait pas d'autre utilité à retirer des bois ; mais nous allons montrer que cette augmentation vaut à peine d'en parler. En effet, son terme moyen semble ne pas devoir s'élever à plus de 50 centimes par hectare, comme on le verra plus loin : il s'ensuit donc qu'il y aura un beaucoup plus grand nombre d'hectares qui paieront moins, qu'il n'y en aura qui paieront plus ; ainsi l'augmentation sera insensible pour la majorité des bois. Là où elle sera un peu plus forte, elle portera sur ceux dont l'emploi sera assuré ; on voit que cette difficulté se réduit à bien peu de chose.

Sur la modicité de la contribution payée par les terres incultes,

Il me reste à rassurer les propriétaires sur l'emploi des nouvelles forêts.

D'abord, le bois est cher dans le département ; c'est dire assez

Sur le peu d'utilité des nouvelles forêts.

qu'il s'en consommerait davantage si son prix était moins élevé. En second lieu, on a vu que 150,000 hectares, ou 348,000 arpens, sont tout ce que je propose de convertir en forêts; j'exclus donc 652,000 arpens de l'opération, sur 1,000,000 qui sont incultes : or 652,000 arpens sont assez considérables pour que l'on conçoive qu'ils embrassent toutes les parties trop ardues, tous les sommets trop inaccessibles : donc il y a espérance de pouvoir exploiter tout ce qui sera semé.

Ensuite, comme nécessité est mère de l'industrie, on peut compter que, dès que les forêts seront bien venantes, on travaillera à pratiquer des sentiers, des glacis, des traînées pour leur exploitation : il ne faudra que l'exemple d'un particulier qui aura vu combien, dans les autres pays de montagnes, on est habile à ces sortes d'exploitations, pour que les méthodes ingénieuses et hardies que l'on y emploie, soient bientôt imitées, et se propagent avec rapidité. De plus, on peut assurer que, l'effet naturel des forêts étant d'augmenter les sources et conséquemment la masse des eaux, il deviendra possible de construire de ces scies à eau, qui sont si simples et si nombreuses en Suisse et dans la forêt Noire; de sorte que l'on extraira en planches, comme on le fait dans ces pays industrieux, les bois que l'on ne pourrait sortir en grume.

Enfin de nouveaux pâturages naîtront sous ces nouvelles forêts; les moyens de nourriture du bétail s'accroîtront encore par le choix des arbres dont on les composera; et il n'y a pas de degrés d'aisance que ne puisse atteindre la partie aujourd'hui la plus pauvre du département, du moment où l'on y aura la facilité d'élever de nombreux troupeaux.

La chèvre même, qui est la pire espèce des animaux broutans, parce que sa dent est meurtrière; la chèvre, dont le nombre est forcément limité par l'administration, vu l'état actuel des choses, pourrait être permise en nombre indéfini, aussitôt que les bois nouveaux seraient, par leur âge, à l'abri de ses attaques; et de là une facilité de nourriture pour les habitans des montagnes, qui favoriserait leur population, lorsqu'aujourd'hui tout la menace.

On voit, par ces réflexions si simples, que le propriétaire industrieux sera réellement loin de regretter la légère augmentation de contributions que subiront les terrains qu'il aura mis en nature de bois : néanmoins je laisse encore aux difficultés que j'ai présentées, une partie de leur valeur, et je dis que le Gouvernement est le seul qui puisse et qui doive les vaincre par des encouragemens suffisans. On conçoit aisément que, pour chaque particulier, pris isolément, l'intérêt de la régénération des forêts du département soit peu perceptible, tandis qu'il l'est beaucoup pour un Gouvernement éclairé ; car assurer les climats, et, par suite, les récoltes de plusieurs départemens, c'est une de ces choses qu'un Gouvernement ne peut envisager avec un froid intérêt.

Il est probable, au reste, que le Conseil général du département consentira à ce que l'augmentation de contributions que devront subir les terrains convertis en forêts, soit ajoutée à la contribution foncière du département, afin que le Gouvernement puisse se couvrir de ses avances. J'entrerai, à ce sujet, dans les détails nécessaires, lorsque je serai arrivé au chapitre de l'amortissement.

Je vais maintenant exposer les encouragemens qu'il me semble indispensable d'offrir aux propriétaires, pour les amener à faire des semis.

Ces encouragemens seraient,

1.º Des primes,

2.º La distribution gratuite des graines,

3.º Une remise de contributions.

Ces encouragemens seront l'objet de trois paragraphes; dans un quatrième je traiterai des moyens de défendre les semis de toute dégradation, soit de la part du bétail, soit de la part des hommes.

§. I.er

Des Primes.

Les primes doivent être suffisantes et payées à une époque qui n'expose pas le Gouvernement à les donner sans résultats.

Le premier des encouragemens que j'ai indiqués, consiste en primes; elles doivent être payables en argent, à une époque déterminée, et de plus suffisantes.

Si les primes n'étaient pas suffisantes, elles manqueraient leur but, et n'encourageraient pas; si elles étaient trop fortes, elles constitueraient le Gouvernement et le département en de trop fortes avances. Enfin l'époque de leur paiement doit être calculée, de manière que le Gouvernement ne soit pas exposé à les avoir données sans qu'il s'ensuive aucun résultat pour le but qu'il se propose.

Cette époque serait après le lever des semis.

Ainsi il est convenable, dans l'intérêt du Gouvernement et dans celui de l'opération, que le paiement de la prime n'ait lieu qu'après qu'il aura été reconnu que le semis a été fait avec soin; ce qui ne peut se voir que quand le semis est levé. Il serait possible encore de ne la payer qu'en deux termes, savoir : moitié quand le semis serait levé, et moitié après la cinquième année; époque, comme nous le dirons plus tard, où une seconde vérification doit avoir lieu, afin de s'assurer que le semis est défensable, et donne droit à une remise de contributions.

Alors il y aurait garantie complète que la prime ne serait accordée qu'au propriétaire qui y aurait réellement droit par la bonne foi et le soin qu'il aurait apportés dans ses semis; cependant il ne faut pas se dissimuler qu'avec l'esprit de méfiance naturel aux hommes, tout retard dans le paiement de la prime ôterait aux particuliers le desir de semer : en dernière analyse, pour inspirer la confiance et assurer le succès de l'opération, je crois convenable de payer la prime entière dès qu'il aura été constaté que les semis sont bien levés et suffisamment garnis. Si l'on partageait la prime pour ne pas la compromettre, ce serait l'opération même que l'on compromettrait,

J'insisterai d'autant plus sur la nécessité d'inspirer la confiance, que c'est d'elle seule que naîtra l'émulation : en vain le Gouvernement desirera-t-il que l'opération réussisse; si les moyens employés pour encourager les propriétaires à semer portent l'empreinte de la défiance, on ne parviendra point à exciter le zèle, et l'entreprise avortera, avant même d'avoir reçu le plus léger développement. Attendu que son succès dépend entièrement de la confiance que l'on saura inspirer ;

Que l'on ne s'inquiète pas des primes qui seront perdues par le défaut de succès d'une partie des semis; on verra plus tard que j'ai prévu cette perte, et que j'en ai fait état dans mes calculs. Une grande impulsion, voilà ce qu'il faut : tout le reste se retrouvera avec le temps. D'ailleurs la perte d'une partie des primes a été prévue dans les calculs.

Une commission, composée du maire, de l'adjoint, de deux des plus imposés résidant dans la commune, et du garde forestier, procéderait, en présence du propriétaire, à la reconnaissance de ses semis; procès-verbal en serait dressé; il mentionnerait la partie du territoire où ces semis existeraient, leur étendue, leur état et le nom du propriétaire; plus, ses observations, s'il en avait à faire: cette pièce, signée de lui et de tous les membres de la commission, serait adressée au préfet, afin que ce magistrat pût remplir les formalités que le Gouvernement aurait prescrites pour le prompt paiement de la prime. Commissions pour la vérification des semis.

La reconnaissance des semis aurait lieu simultanément dans tout le département, sur l'invitation du préfet; des instructions Instructions qu'elles recevraient.

seraient données par lui, dans la vue d'éviter toute discussion entre les commissions et les propriétaires : ainsi elles détermine-raient combien il devrait au moins y avoir de brins levés par mètre carré, pour donner lieu à l'obtention de la prime ; elle parlerait des clairières, et indiquerait ce qu'il en serait toléré en surface, par hectare; il serait recommandé de tenir compte des difficultés du terrain et de l'ingratitude du sol ; enfin tout ce qui pourrait empêcher l'arbitraire serait soigneusement tracé aux commissions , afin de prévenir tout découragement chez les propriétaires.

Les primes accordées aux communes qui auraient effectué des semis, se verseraient dans la caisse du receveur municipal et figureraient dans ses comptes.

Venons à la quotité de la prime.

Ce que devrait être la prime, si l'on faisait des plantations;

S'il s'agissait de plantations et non de semis, on estime qu'une prime de vingt sous par pied d'arbre serait nécessaire pour qu'elles fussent faites avec tout le soin nécessaire; c'est-à-dire que les sujets fussent de belle venue, plantés dans des trous de dimensions prescrites , suffisamment espacés , &c. : mais des plantations ainsi exécutées coûteraient des sommes énormes ; il faut donc y renoncer. Au reste , d'après tous les renseignemens que j'ai pris, il y a plus de succès à espérer des semis que des plantations ; il ne sera donc plus question de ces dernières.

Ce qu'elle serait pour des semis.

Pour semer un hectare, on tombe d'accord que 20 francs seraient une prime suffisante.

Je suppose un moment que l'on en semât 20,000 en dix ans, à raison de 2000 par chaque année ; ce serait 40,000 francs de primes qu'il faudrait payer annuellement : le Gouvernement en donnerait 30,000, et le département 10,000 ; je dirai dans l'instant pour quelles raisons.

Le tableau n.° 1 présente le détail des avances qu'exige-rait le semis de ces 20,000 hectares ; il montre l'époque à la-quelle le Gouvernement commencerait à rentrer dans ses avances, et rend facile à calculer celle où il en serait entièrement couvert.

Mais ce n'est pas à semer 20,000 hectares que l'opération doit se borner ; et puisque (voyez *page 19*) 200,000 hectares sont susceptibles d'être, avec succès, convertis en forêts, plus on semera, plus on sera sûr d'obtenir les grands résultats que nous nous proposons d'atteindre.

Le tableau n.° 2 offre les mêmes colonnes que celui n.° 1 ; il sert à calculer le nombre d'années qu'exigerait le semis de 30, 60, 90, 120 et 150,000 hectares, à raison de 3000 semés chaque année ; comme aussi les époques auxquelles le Gouver-nement serait remboursé de tous les frais où l'entraîneraient ces différentes opérations.

Le tableau n.° 3 est une récapitulation des tableaux n.ᵒˢ 1 et 2 : ils seront analysés tous les trois plus particulièrement au chapitre IV.

Les sommes que fournirait le département n'y figurent point : en effet, elles ne doivent pas y être portées, puisque le dé-partement ne rentre point dans ses déboursés, et que ces ta-bleaux ne sont dressés que pour faire connaître quand le Gou-vernement sera couvert des siens.

Cette observation me conduit à donner les motifs de la pro-portion dans laquelle je crois que le département peut seule-ment être tenu de concourir à son reboisement, quel que soit le nombre d'hectares incultes qui soit mis en nature de bois chaque année.

Mes motifs pour que le département ne donne pas plus de 10,000 francs chaque année, sont : qu'il est très-loin d'être riche ; qu'il ne rentrera pas dans les sommes qu'il fournira,

D *

tandis que le Gouvernement récupérera toutes ses avances ; et, pour tout dire, que sans de pareilles avances de la part de ce dernier, il n'y a pas à espérer que l'opération s'exécute jamais. Sans doute le département en retirera de très-grands avantages ; mais les sacrifices qu'il fera pour aider au succès, n'en seront pas moins de véritables sacrifices.

§. II.

Des Graines.

Nécessité de distribuer gratuitement les graines pour les semis.

Le second encouragement consiste dans la distribution gratuite des graines. Je pense, en effet, que si l'on s'en remettait aux propriétaires du soin de se les procurer, on ne serait sûr, ni qu'ils se les procurassent en temps utile , ni qu'ils rechassent les semences des espèces d'arbres qui conviendraient à leur terrain : il faut donc, pour le succès de l'opération , que ce soin soit pris par le Gouvernement, et que les frais d'achat et de transport des graines soient à sa charge ; c'est un moyen d'encouragement qu'il me paraît indispensable d'employer.

Il importe de rechercher quels arbres réussiraient le mieux dans le département.

Examinons maintenant quelles sont les espèces d'arbres qui dominent dans les bois du département, nous en conclurons celles qu'il sera préférable de semer ; ce qui n'exclura point les arbres étrangers qu'il serait utile d'y introduire.

On peut le diviser en trois régions et trois températures.

Le département peut être considéré comme ayant trois régions et trois températures distinctes : on pourrait en compter bien davantage, si on le voulait ; car, la hauteur des sommets variant depuis 500 jusqu'à 1700 toises , on conçoit que la hauteur du fond des vallées varie beaucoup aussi , et conséquemment les températures. On pourrait même assurer qu'on les y rencontre presque toutes ; mais nous nous bornerons à trois , savoir : les régions froide, tempérée et chaude ; puis nous dirons que l'arrondissement de Barcelonnette en entier , les deux tiers de celui de Castellane , et deux tiers de celui de Digne , composent la région haute et froide ; que l'arrondissement de Sisteron , le reste de celui de Castellane , deux tiers de celui de Forcalquier , et un tiers de celui de Digne , forment la région tempérée ; enfin , que le dernier tiers des arrondissemens de Digne et de Forcalquier sont ce qu'on peut appeler la région chaude du département.

Dans la région froide , on trouve le mélèze , les pins et sapins , le hêtre et le chêne blanc ; dans la région tempérée , le hêtre , le chêne blanc , le chêne vert , sont les essences les plus répandues ; dans la région chaude , le chêne blanc et le chêne vert.

Cela ne veut pas dire que l'on ne trouve aucune autre espèce d'arbres dans les bois du département. Dans les régions tempérée et chaude , on rencontre encore le thuya (1) , le bouleau , le cytise des Alpes , ou faux ébénier ; , l'aune , le charme , l'orme , le tilleul , le châtaignier , le micocoulier , &c. ; seulement j'ai voulu indiquer les espèces dominantes , et celles qui , conséquemment , réussiraient le mieux.

Ainsi , les pins , sapins et mélèzes , seraient particulièrement les espèces à semer dans la région froide. Pour les régions tempérée et chaude , ce seraient le chêne blanc , le chêne vert , le hêtre ; on y propagerait sur-tout le châtaignier , qui a l'avantage de pouvoir se fixer sur les pentes les plus rapides , et d'y prospérer.

Cet arbre , déja très-répandu dans l'arrondissement de Castellane , a disparu de la plupart des forêts de la France , où

______

(1) Ce que l'on appelle improprement *thuya* dans le pays , ne peut être que le genevrier de Phénicie , très-commun en effet dans la Provence , où on lui donne aussi quelquefois le nom de *sabine*, tout aussi improprement.

il était autrefois abondant ; pourtant il est précieux pour la charpente, pour la fabrication des tonneaux, pour mille usages : son fruit est une excellente nourriture ; et, si la difficulté de le tirer des bois éloignés et rapides empêchait qu'on ne le recueillît pour le livrer au commerce, les cochons qui s'en nourriraient, y gagneraient une graisse succulente, d'un goût préféré à celui que donne le gland. Là où le terrain plus accessible permettrait de tirer parti de cette récolte, on pourrait greffer le châtaignier avec les variétés qui donnent les beaux marrons connus dans le commerce sous le nom de *marrons de Lyon* ; ce serait un bon produit pour les propriétaires éclairés qui auraient pris ce soin.

L'orme, le charme, le frêne, l'érable, sont aussi des arbres bien utiles que l'on devrait propager, et qui réussiraient également dans ces deux régions.

Du pin d'Alep et du pin silvestre ;

Le pin d'Alep conviendrait dans les parties basses ; le pin silvestre, dans les parties élevées : la basse Provence et le Languedoc fourniraient la graine du premier en suffisante quantité ; et le département même, celle du pin silvestre.

Du micocoulier ;

Le micocoulier, qui croît dans les fentes des rochers, et acquiert une grande hauteur, là même où l'on n'aperçoit aucune trace de terre végétale, ouvrirait au département une branche nouvelle d'industrie : cet arbre, dont le bois est très-dur, est celui qui donne les meilleures fourches, article rare et généralement recherché. Il vient très-bien, quoique lentement, dans les roches calcaires, qui sont une des bases des montagnes des Basses-Alpes.

Du laricio ;

Le laricio, que l'on desirait y essayer, n'y réussirait probablement pas ; on le craint du moins, parce qu'il ne se plaît guère que dans les roches granitiques, dont le département est presque dépourvu, bien qu'on soit tenté de croire le contraire.

Un arbre qui vient vîte, qui s'élève très-haut, qui jette Du vernis de la Chine; des drageons de tous les points de ses racines jusqu'à d'assez grandes distances, bon enfin pour la charpente, c'est le vernis de la Chine; le sol, le climat, lui seraient favorables, et il donnerait promptement de belles forêts.

On a fait depuis quelques années une acquisition plus pré- Du mûrier à papier. cieuse encore, c'est le mûrier à papier, dont la femelle n'a été connue que très-récemment. On en a planté nouvellement sur plusieurs routes du midi et dans des promenades publiques; il croît très-vîte et paraît réussir dans tous les terrains. Son fruit est bon pour les abeilles, qui le recherchent avec avidité; les cochons ne l'aiment pas moins : ceci est très-utile dans un pays de montagnes, où, le grain étant habituellement cher, et le bétail rare, il faut que l'habitant puisse aisément engraisser ses cochons par la vaine pâture. Moins on pourra tirer parti des bois eux-mêmes, à cause de la difficulté de leur exploitation, plus il est essentiel de les former d'arbres qui donnent du profit sur place, si je puis m'exprimer ainsi : tels sont le châtaignier, le chêne, et le mûrier à papier.

Je citerai, en passant, un avantage peu connu de ce dernier; c'est qu'il est très-propre à remplacer le mûrier ordinaire, lorsque les feuilles de celui-ci sont épuisées, et que le ver a acquis assez de force pour pouvoir se nourrir du premier. Je dis assez de force, parce que la feuille du mûrier à papier est plus dure que celle du mûrier ordinaire?

La soie produite par les vers qui en ont vécu, est un peu plus grosse, mais aussi elle est beaucoup plus forte; et quel avantage n'est-ce pas de pouvoir continuer à nourrir ses chambrées, quand on est quelquefois exposé à les perdre, faute d'assez de feuilles de mûrier ordinaire?

Il y a plus, le mûrier à papier les rétablit quand elles sont malades : on a vu des chambrées désespérées, jetées sur cet arbre en plein air, revenir à la vie par l'usage de ses feuilles.

Enfin il offre un moyen de reproduction peu connu, et aussi facile qu'extraordinaire. Ce mûrier, qui pousse des rejets nombreux jusqu'à de fortes distances, semble, outre cela, partager de la nature des polypes : si l'on coupe ses racines par tronçons de quelques centimètres de longueur, chaque tronçon devient un arbre, lequel se propage avec la même rapidité par ses rejets, et se reproduit de même des sections de ses racines.

C'est sur-tout au bord des torrens qu'il conviendrait de le multiplier ; il y éleverait bientôt une épaisse barrière, qui s'opposerait au ravage des eaux, et maintiendrait le terrain sur un grand nombre de points, où des digues plus solides, mais aussi plus coûteuses, ne sont pas absolument nécessaires. Quelques individus femelles, placés à de grandes distances, fourniraient en peu d'années une multitude de plants propres à repiquer, et formeraient en quelque sorte des pépinières qui n'exigeraient aucun soin.

On peut croire à ces résultats, éprouvés déjà par de nombreuses expériences, faites avec le plus grand soin pour sa multiplication.

Tous les arbres que je viens d'indiquer, conviennent aussi bien à la région chaude qu'à la partie tempérée du département.

M. Bermond de Vaulx voudrait que les semis de bois fussent entourés de haies, comme les semis de sainfoin, afin de les défendre de la dent des troupeaux : mais, outre la difficulté de se procurer le bois nécessaire à la confection de ces haies, cette dépense serait trop considérable pour espérer qu'elle fût faite, et sur-tout faite avec le soin convenable ; je pense que, sans qu'elle ait lieu, on peut semer avec succès, en prenant d'autres

précautions qui seront plus faciles, et dont je parlerai au §. IV
de ce chapitre.

Avant d'exposer comment on pourrait se procurer des graines
aux moindres frais possibles, et de rechercher ce qu'elles pourront coûter, je dois dire que l'opération du boisement des montagnes se compléterait d'une manière bien avantageuse, si l'on
semait sur les côtes trop ardues, trop dépouillées de sol végétal,
des buis et des genêts ordinaires. Les genêts augmenteraient les
ressources de la vaine pâture, et plus tard, lorsqu'ils auraient
acquis tout leur développement, ils fourniraient, avec le buis,
la seule matière d'engrais qui existe presque dans le département.
Leurs racines retiendraient le peu de terre qui se trouve sur les
côtes trop escarpées, et à la longue leurs débris créeraient de
l'*humus*. Encore faudrait-il pour cela que, au lieu d'arracher ces
plantes par incurie plus que par ignorance, on les recépât à rase
terre. Par suite de cette fatale incurie, cette source d'engrais est
presque tarie aux environs des villes; chaque jour il devient plus
difficile de s'en procurer, parce que chaque jour il faut aller plus
loin pour chercher ces genêts et ces buis. Il existe à cet égard
d'anciennes défenses, qui devraient être renouvelées: mais, pour
qu'elles produisissent quelque effet, il faudrait que les gardes
champêtres suivissent leur exécution avec sévérité, et que les
tribunaux n'en missent pas moins dans leurs jugemens.

Ces semis se feraient par les gardes champêtres : on pourrait
l'exiger d'eux, et les y intéresser par de légères gratifications.
Ce sera par eux aussi que nous recueillerons presque toutes
les graines nécessaires pour les semis de bois ; les ordres leur
en seraient donnés par l'administration des domaines. Auparavant il faudrait que l'autorité civile eût fait le calcul des besoins
de chaque localité.

A cet effet, des déclarations seraient provoquées des parti-

Utilité dont seraient
des semis de buis et de
genêts sur les côtes trop
rapides :

Ils pourraient être faits
par les gardes forestiers,

Qui pourraient aussi
recueillir les graines des
bois du pays.

Déclarations à provo-
quer des particuliers pour

culiers : l'administration désignerait l'époque à laquelle elles devraient lui être parvenues, et ce qu'elles devraient contenir, comme les noms des propriétaires, la situation des terrains qu'ils voudraient semer, leur étendue, les espèces de bois qu'ils desireraient y mettre, &c. Afin de connaître celles qui y conviendraient le mieux, les propriétaires seraient invités à consulter préalablement les agens forestiers ; et comme ceux-ci pourraient bien ne pas deviner les vues de l'administration, elle les leur ferait connaître à l'avance par l'intermédiaire du directeur des domaines.

Les déclarations ainsi faites, rien ne serait si facile que d'établir ce qu'il faudrait de graines, tant en essences du pays, qu'en essences étrangères, pour la quantité d'hectares à semer chaque année dans chaque localité ; et comme l'administration des domaines peut, non moins aisément, connaître les essences qui dominent dans tels ou tels cantonnemens, elle indiquerait aux gardes la quantité de graines de telle ou telle espèce que chacun aurait à recueillir ; il leur en serait donné un prix qui varierait par décalitre, suivant l'essence.

L'opération serait chère s'il fallait se procurer au-dehors et acheter toutes les graines dont on aurait besoin pour semer 2 à 3000 hectares chaque année ; heureusement, à l'exception des arbres étrangers aux Basses-Alpes, et qu'il importerait d'y introduire, le reste, c'est-à-dire les 99 centièmes, peut se recueillir dans le département.

Dès-lors on prévoit qu'il n'est point question de payer les graines au prix qu'on les vend dans le commerce, mais seulement d'accorder une gratification aux gardes forestiers pour la peine et les soins (1) que leur donnerait cette récolte ; et cela

____

(1) La récolte des semences des arbres verts demande beaucoup de précautions ; elle ne doit être faite qu'après l'hiver ; il faut monter sur les arbres pour cueillir

avec d'autant plus de raison, qu'à la rigueur l'administration forestière pourrait exiger d'eux qu'ils la fissent sans aucune indemnité. On croit que cette gratification serait suffisante, si elle était de 3 francs par décalitre de graines nettoyées de pin, de sapin et mélèze, de 2 francs par décalitre de graines de hêtre , et de 75 centimes par décalitre de glands, soit de chêne vert, soit de chêne blanc.

Ces gardes seraient encore chargés du transport de ces semences au chef-lieu de leur canton, d'où le sous-préfet ferait transférer à celui de l'arrondissement l'excédant des besoins du canton, afin d'en effectuer la répartition proportionnellement aux déclarations des particuliers. Il suit de là, qu'il devrait renvoyer dans les chefs-lieux de canton ce qui y manquerait, d'après les déclarations, en telle ou telle essence.

Transport et répartition de ces graines dans les chefs-lieux de canton.

Puisque les transports des graines depuis la forêt jusqu'au chef-lieu de canton seraient encore effectués par les gardes forestiers, ils auraient droit à une nouvelle indemnité, qui serait fixée par le sous-préfet, suivant les distances et la difficulté des communications. Pour faire face à cette indemnité, comme aux frais de transport des chefs-lieux de canton à celui de l'arrondissement, *et vice versâ* , il a fallu tâcher d'apprécier cette dépense.

Les gardes forestiers recevraient une nouvelle indemnité pour le transport.

J'ai estimé approximativement que le transport des graines pouvait être évalué à 2 fr. 40 cent. par hectare , l'un dans l'autre : il était indispensable de faire cette évaluation pour

Ce qu'il coûterait par hectare.

---

les cônes un à un, et non les abattre à coups de perche, &c. Lorsqu'on veut ensuite en obtenir la graine, on les expose la nuit à la rosée, et le jour aux ardeurs du soleil , &c. &c. ; souvent on n'y apporte pas autant de soin, et on met les cônes au four après les avoir arrosés : cette méthode est expéditive, mais elle a le grand inconvénient de faire périr les germes, si le four est trop chaud. Au reste, quand le moment en serait venu, des instructions seraient données, à ce sujet, aux gardes forestiers.

E *

arriver à savoir, à-peu-près, ce que 2 à 3 mille hectares, semés chaque année, pourraient coûter au Gouvernement.

C'est dans ce but que j'ai supposé, d'après plusieurs données, que sur le nombre d'hectares qui serait semé chaque année, quatre dixièmes le seraient en chênes blanc et vert, quatre dixièmes en pins, sapins et mélèzes, et deux dixièmes en hêtres. Je ne parle point ici d'autres essences, parce que, ne pouvant établir sur aucune base, ni ce qui serait introduit dans les Basses-Alpes d'arbres étrangers à ce département, ni ce qu'en coûteraient les graines, force a été, pour appuyer mes calculs, de me renfermer dans les essences particulières au pays, ou plutôt dans celles qui y dominent.

Combien d'hectares seraient semés chaque année en telle et telle essence.

L'administration forestière locale m'a assuré que, pour semer un hectare, 6 décalitres de glands seraient suffisans, ou bien 2 décalitres de graines de hêtre, pin, sapin ou mélèze : ces quantités m'ayant paru faibles, j'ai cherché à me procurer d'autres renseignemens, d'où résulterait que, pour semer un hectare en chênes, 12 décalitres de glands seraient au moins nécessaires ; 6 décalitres de faîne pour y mettre des hêtres ; et 2 décalitres 1/2 de semences de pin, sapin et mélèze, pour couvrir un hectare d'arbres verts.

Ce qu'il faudrait de graines de chaque essence pour semer un hectare.

Je vais partir de ces bases, qu'il sera facile, au reste, de rectifier plus tard, si le Gouvernement se décide à l'opération que je propose.

Les 3/10.es de 2000 hectares, ou 600 hectares, à semer de glands, en exigeront 7200 décalitres, qui, à 75 centimes l'un, font ci. . . . . 5,400 fr.

Ce que leur récolte et leur transport coûteraient approximativement chaque année au Gouvernement.

Les 3/10.es ou 600 hectares à semer en hêtres demanderont 3600 décalitres, qui, à 2 francs l'un, font. . . . . 7,200.

A reporter. . . . . 12,600.

Report . . . .   12,600^f

Les 4/10.es ou 800 hectares à semer en pins, sapins ou mélèzes, exigeront 2000 décalitres de graines, qui, à 3 francs le décalitre, font. .   6,000.

TOTAL . . . . . .   18,600.

A quoi ajoutant les frais de transport évalués, comme nous l'avons vu plus haut, à 2 francs 40 centimes par hectare, l'un dans l'autre, nous aurons pour 2000 hectares . . . .   4,800.

Et pour la totalité des frais de transport et d'achat des graines. . . . .   23,400^f

Cette somme sera à dépenser annuellement par le Gouvernement, en sus de ses avances pour les primes; ces mêmes frais se monteraient à 35,100 francs, si on semait chaque année 3000 hectares, au lieu de 2000.

Quelqu'élevés que ces frais puissent paraître, ils ne doivent point arrêter le Gouvernement, puisque je démontrerai plus tard qu'il en sera couvert, mais cependant dans un nombre d'années qui variera suivant la quantité d'hectares qu'aura embrassée la totalité de l'opération.

Si la dépense à laquelle le Gouvernement s'engage en donnant des primes, est une chose connue, il n'en est pas de même, je dois en convenir, des frais d'achat et de transport des graines. J'ai supposé, comme on l'a vu dans l'instant, pour appuyer mes calculs, que toutes se prenaient dans le département, parce qu'il était impossible d'évaluer les frais des semences qui seront achetées au dehors; cependant, à quelque point que l'on restreigne les essences étrangères qu'il est utile d'y introduire, les frais s'en augmenteront: ils s'augmenteront encore des gratifi-

Comme aussi celles des buis, des ajoncs et des genêts :

Néanmoins on y a eu égard , lors du calcul des frais de transport ,

Et l'on insiste pour que les essences étrangères qui peuvent être utiles au pays, y soient introduites.

Une fois les graines dans les chefs-lieux de canton , ce serait aux particuliers à les y faire prendre.

cations à donner aux gardes pour les graines de buis et de genêt à semer sur les côtes escarpées , comme aussi du prix des semences des ajoncs et genêts épineux, que nous montrerons , au §. IV, devoir être mêlées avec les graines d'arbres pour protéger les semis contre la dent du bétail. Toutefois , je dois dire que j'ai eu égard à ces frais extraordinaires dans l'évaluation du prix du transport des graines , que j'ai fixé à 2 fr. 40 cent. par hectare , l'un dans l'autre ; et j'ai d'autant plus lieu de croire que je me suis peu éloigné de la vérité, que nombre de particuliers se procureront probablement, soit dans leurs propres bois, soit dans ceux de leurs voisins, les graines dont ils auront besoin pour leurs semis ; ce qui permettra de faire des économies, que l'on appliquera à l'acquisition des graines des arbres étrangers au département.

J'insisterais, si cela était nécessaire, pour que la dépense de l'achat des graines ne fût point un motif de n'en prendre que dans ses forêts. Lorsqu'on se détermine à une aussi belle , une aussi grande opération, quelques frais de plus ou de moins ne doivent nullement être pris en considération, sur-tout lorsque ces frais ne sont que des avances, dont la rentrée est assurée. Il s'agit de faire le mieux possible ; or la propagation du châtaignier, du micocoulier , est, aussi-bien que l'introduction du vernis de la Chine et du mûrier à papier, d'un tel intérêt pour le département, qu'il faut les y répandre le plus possible, quoi qu'il en coûte.

Les graines une fois déposées aux chefs-lieux de canton, dans la proportion des déclarations, ce sera aux particuliers de les y faire prendre à leurs frais ; il n'est pas possible de pousser plus loin les précautions : d'ailleurs, les relations avec les chefs-lieux de canton sont assez fréquentes pour qu'il n'y ait pas là un obstacle que ne puisse vaincre l'indifférence des propriétaires.

Je ne veux point finir ce paragraphe sans dire que dans les bois, déjà existans, de pins, sapins, chênes blancs, chênes verts, mélèzes, hêtres, le repeuplement naturel est très-facile : pour le favoriser, il ne faut qu'une surveillance plus sévère de la part des gardes forestiers ; nous nous en occuperons au §. IV.

§. III.

Des Contributions.

La contribution que paie dans les Basses-Alpes l'hectare de terre inculte, est de 22 centimes, terme moyen ; cet impôt est si modique, que sa remise semble à peine devoir être un avantage. Néanmoins le mot d'*impôt* a en soi, pour le plus grand nombre des hommes, quelque chose de si pesant, que je regarde comme un encouragement, au moins moral, d'accorder à tout propriétaire qui s'engagera à remettre en nature de bois une propriété inculte, la remise, pour dix années, des contributions assises sur cette propriété.

Quelque modique que puisse être cet avantage, il importe pourtant de prendre des précautions pour que celui qui l'aura mérité, en jouisse seul ; autrement cet avantage cesserait d'en être un : de plus, il faut qu'il ne soit accordé qu'à celui dont il y aura apparence que les semis auront un plein succès.

Je proposerais donc d'attendre, pour prononcer, que cinq années se fussent écoulées ; à cette époque, il serait fait une seconde reconnaissance de tous les semis, et ceux qui seraient trouvés suffisamment garnis, mériteraient à leurs propriétaires la remise des contributions durant dix années.

Une commission, composée de la même manière que celle dont nous avons parlé *page 25,* procéderait à cette reconnaissance : elle aurait lieu en présence du propriétaire, qui serait admis à consigner au procès-verbal toutes les observations qu'il aurait à faire ; et cet acte, signé de lui et de la commission, serait transmis au préfet, pour l'accomplissement des formalités qui devraient précéder le prononcé de la remise. Cette vérification serait simultanée dans tout le département, comme la première, et des instructions du préfet aux membres de la commission auraient pour but d'éviter tout arbitraire de sa part et toute difficulté entre elle et les propriétaires ; c'est-à-dire qu'il y serait déterminé, autant que possible, les conditions nécessaires pour que le bois fût jugé mériter la remise de la contribution. Certaine latitude serait accordée à la commission, afin qu'elle pût faire état de l'ingratitude du sol, comme lors de la première vérification.

Reste à examiner si la remise des contributions commencera à la sixième année, ou si elle remontera à la première.

Si elle ne court que de la sixième année, il s'ensuit que le Gouvernement ne commencera à rentrer dans ses avances qu'à la seizième, puisque c'est l'augmentation de contribution que subira chaque hectare mis en nature de bois, qui formera le fonds d'amortissement.

Si l'on fait remonter la remise des impositions jusqu'à la première année, le Gouvernement commencera à rentrer dans ses avances dès la onzième ; ce qui est bien différent. J'ai présumé que cela conviendrait aux propriétaires aussi bien qu'à lui, et je me suis déterminé pour ce parti : les tableaux qui sont à la fin de ce Mémoire, sont dressés en conséquence. Rien ne sera si facile que de rembourser aux propriétaires les contributions des cinq années écoulées depuis les semis ; il suffit pour cela d'une ordonnance qui soit admissible en paiement de leurs autres contributions.

Le montant de l'imposition remise aux communes qui auront

effectué des semis, entrera dans la caisse du receveur-percep-teur, qui en comptera comme de tous les autres revenus.

Avant de finir ce paragraphe, où j'ai traité du dernier des trois moyens d'encouragement que j'ai proposé d'offrir aux pro-priétaires, afin de les engager à faire des semis, je veux prévenir une objection qui ne manquerait pas de m'être faite.

Sans doute, me dirait-on, vous n'espérez pas que les semis réussiront tous ; alors, pour ceux qui périront, que deviendront les avances du Gouvernement ?

Des semis qui ne réus-siront pas :

Non, répondrai-je, je n'espère pas que tous les semis auront un égal succès : mais si je suppose qu'il en périra un cinquième chaque année, je crois établir une proportion qui paraîtra suffi-sante ; car c'est admettre que 4000 hectares ne réussiront pas sur 20,000, et 30,000 sur 150,000. Très-probablement cette proportion ne sera point dépassée.

On les évalue au cin-quième.

Quant à ce que deviendront les avances du Gouvernement, je remets à répondre au chapitre IV, où je traiterai de leur amortissement, cette question s'y rattachant particulièrement.

Plus tard on dira ce que deviendront les avances du Gouverne-ment pour ceux qui au-ront péri.

§. IV.

Des Moyens de protéger les Semis.

Les semis doivent être protégés contre les atteintes du bétail et contre celles des hommes.

Quels moyens seraient à employer pour proté-ger les semis.

Pour défendre les semis de la dent du bétail, il faut, ou les entourer d'une haie, comme le propose M. Bermond de Vaulx, ou les couvrir de ramées, ou semer avec la graine des diverses essences de bois une plante qui germe avec ces graines, croisse avec elles, les protége sans les étouffer, et meure quand les jeunes plants auront acquis assez de force pour se défendre eux-mêmes.

F

Impossibilité de les en-
tourer de haies ,

Entourer de haies des semis d'une grande étendue, me semble trop coûteux, et même impossible, dans un pays où le bois manque et ne se trouverait probablement pas en quantité suffisante à portée des semis. Quel est le particulier, quelle est la commune qui voudrait faire une pareille dépense? Sans doute on en serait bien payé par le succès ; mais encore avec quel soin cette haie ne devrait-elle pas être faite pour résister plusieurs années aux efforts du bétail et des hommes ! En vain M. Bermond de Vaulx me dit, dans la lettre dont j'ai déjà cité un passage , que « cette précaution est d'une indispensable nécessité , sans » laquelle les plus beaux résultats deviendraient nuls. » J'aime à croire que l'on peut épargner cette dépense aux particuliers, sans compromettre le succès de l'opération ; autrement je ne la proposerais point, bien assuré qu'aucun propriétaire ne se déciderait à faire des semis, s'ils devaient entraîner tant de frais.

Et de les couvrir de
ramées.

J'ai démontré suffisamment l'impossibilité de couvrir les semis de ramées, en disant qu'il ne se trouverait pas assez de bois dans leur voisinage ; il ne faut donc pas songer à ce moyen de les protéger.

Nombre de personnes à qui j'ai parlé du troisième, pensent, comme moi, qu'il peut être couronné d'un plein succès.

Des semis de joncs et
de genêts sont préféra-
bles et possibles.

Dans un projet de cette importance, on ne saurait s'entourer de trop de lumières ; j'ai donc consulté un professeur de botanique d'une des principales villes du midi, et je lui ai demandé s'il croyait que les joncs marins pussent remplir mon but : il m'a répondu affirmativement ; mais il croit que, sans recourir à cette plante, on a sous la main , dans le pays même , tout ce qu'il faut pour protéger les semis. Selon lui, le genêt est très-propre à cela ; non pas le genêt ordinaire, mais le genêt cendré. Il est très-abondant aux environs de Digne, et proba-

Espèces qui seraient
les plus propres.

blement dans tout le département : toutefois ce botaniste est d'avis d'y joindre des espèces épineuses, telles que le *genista scorpius* et le *cytisus spinosus*.

J'avais un moment jeté les yeux sur le genêt ordinaire ; et c'est parce qu'il ne m'avait pas paru une défense suffisante, que je m'étais décidé pour le jonc épineux, connu sous le nom d'*ulex europæus*. Il semblait remplir toutes les conditions desirables ; et comme il couvre en partie les landes de la Bretagne, il eût été facile au Gouvernement d'en faire recueillir des semences en quantité suffisante. Mais ce même botaniste, tout en convenant que ce jonc atteindrait le but, m'a fait observer qu'il est une autre espèce qui remplirait de même l'objet, et aurait de plus l'avantage d'exister presque sur les lieux, ce qui diminuerait les frais de transport de ces graines ; c'est l'*ulex provincialis*, lequel abonde dans plusieurs parties de la Provence et du Languedoc. Il n'a été observé que depuis peu d'années ; et étant indigène, pour ainsi dire, au département, on serait plus certain qu'il y croîtrait à merveille. Il serait facile de savoir ce qu'il en faudrait de graine pour 2 ou 3000 hectares ; le Gouvernement la ferait recueillir et parvenir à la préfecture, d'où elle serait répartie dans les chefs-lieux de canton, proportionnellement aux demandes. Ces deux plantes protégeraient les semis contre le bétail, favoriseraient leur croissance, et seraient étouffées par les jeunes bois, dès qu'ils auraient acquis un certain développement (1).

A cette précaution on doit ajouter celle d'interdire l'entrée du bétail sur tout terrain semé. Pour les lieux où l'on aurait mis du chêne blanc, l'interdiction peut être bornée à cinq années ;

---

(1) Sur les pentes les plus exposées aux ardeurs du midi, on mêlerait avec beaucoup d'avantage de l'avoine aux graines de genêts et d'ajoncs ; l'avoine protégerait leur développement, et ceux-ci, à leur tour, protégeraient celui des graines forestales.

F*

mais, par-tout où l'on semerait le chêne vert, le pin, le sapin, le mélèze, il faudrait prolonger l'interdiction de deux et même de trois ans. La croissance des arbres verts est très-lente dans les commencemens ; et si leur flèche vient à être coupée, ils ne s'élancent plus, deviennent rabougris , et toute espérance de beaux arbres est détruite.

Elle doit être de deux à trois ans plus longue pour les arbres verts que pour les autres essences.

Tant de précautions seraient encore insuffisantes, si l'on n'y ajoutait pas une surveillance sévère ; elle est indispensable pour protéger les semis contre le bétail, nécessaire pour les protéger contre les hommes : mais elle serait sans résultats, si les délits constatés n'étaient pas sévèrement punis. Cette surveillance ne peut être exercée que par les gardes forestiers ; les punitions dépendent des tribunaux.

Surveillance à exercer par les gardes forestiers.

Si le traitement des gardes forestiers était suffisant, on pourrait en exiger un bon service : mais ce traitement ne suffit pas à un homme seul, bien moins encore à un père de famille ; et il y a réellement lieu de craindre que la surveillance rigoureuse qui serait indispensable au succès de l'opération, ne puisse jamais être obtenue dans l'état actuel des choses. J'avais donc regardé comme un préliminaire nécessaire, d'améliorer le sort des gardes forestiers. Pour y arriver, je me proposais d'en faire une nouvelle organisation, de les rendre à-la-fois gardes forestiers et gardes champêtres , de supprimer ces derniers, de reverser leur traitement sur les nouveaux agens, et de l'augmenter encore , s'il l'eût fallu. J'aurais choisi dans les anciens gardes champêtres , comme dans les anciens gardes forestiers , et n'aurais pris que ceux sur la probité, le zèle, l'activité et la fermeté desquels j'aurais obtenu des renseignemens suffisans. Il n'est pas si aisé qu'on pourrait le croire, de trouver de bons gardes ; mille choses s'y opposent. Peut-être faudrait-il qu'ils fussent sans famille , sans propriétés , et étrangers au département. C'est dans les

Insuffisance de leur traitement.

Projet de les réorganiser, et de les rendre à-la-fois champêtres et forestiers.

anciens militaires, déjà pensionnés, dont par conséquent l'aisance serait augmentée par le traitement de garde forestier, que se trouveraient plus aisément les individus propres à ces fonctions, c'est-à-dire, des hommes habitués à faire strictement leur devoir, à n'être arrêtés par aucune considération, à ne craindre aucune menace. C'est là que j'aurais cherché à compléter les nouveaux cadres, si, dans les anciens, je n'avais pas trouvé suffisamment de sujets tels que je les souhaitais.

La surveillance des propriétés rurales eût gagné à cette organisation : les gardes nouveaux, mieux rétribués, ne se seraient plus trouvés dans la nécessité d'avoir un second état, auquel les devoirs du garde sont toujours sacrifiés, parce qu'après tout, ou plutôt avant tout, il faut vivre. Chaque commune aurait eu le sien, ce qui n'est pas aujourd'hui; et le garde aurait été porté à faire son devoir, parce que, pouvant vivre de son emploi, il aurait eu intérêt à le conserver. Cet intérêt est loin d'exister dans l'ordre actuel, puisque le garde champêtre est, le plus souvent, moins payé encore que le garde forestier.

Cette organisation m'a paru desirée par un grand nombre des principaux propriétaires du département, et par M. le Directeur des domaines en particulier. Ce fonctionnaire sent très-bien qu'il recevrait moins de plaintes sur la dégradation journalière des bois, si les gardes sous ses ordres avaient un traitement qui ne les mît pas dans la position de fermer les yeux sur les délits.

Du moment où l'ordonnance de 1667 serait remplacée par une loi qui autoriserait la prise à partie des propriétaires, lorsque les auteurs des défrichemens seraient inconnus, les communes seraient intéressées les premières à avoir des gardes vigilans; ce serait, comme je l'ai annoncé *page 14,* un motif pour elles de rétribuer suffisamment leurs gardes, afin que leur surveillance ne se démentît pas.

Si je m'en souviens bien, les traitemens des gardes champêtres du département, réunis à ceux des gardes forestiers, font ensemble une somme d'environ 40,000 francs. Pour donner aux gardes nouveaux, qui seraient à-la-fois champêtres et forestiers, c'est-à-dire, qui seraient assermentés pour dresser des procès-verbaux tant des délits ruraux que des délits forestiers, un traitement de 150 à 200 francs chacun, il faudrait augmenter cette somme de 15 à 20 mille francs : c'est l'opinion de M. le Directeur des domaines, et je la trouve très-raisonnable; car si l'on veut un service, il faut le payer.

Les communes des Basses-Alpes sont pauvres, je le sais ; c'est là, comme par-tout, le grand argument que l'on oppose à tout projet d'amélioration : mais ce que je sais aussi, c'est que plus des communes sont pauvres, plus elles ont intérêt à conserver le peu qu'elles ont. Leurs richesses ne consistent guère alors que dans leurs récoltes : donc toute dépense tendant à leur conservation est de première nécessité. Je voudrais un bon garde, si j'étais habitant d'une pareille commune; c'est la dépense à laquelle je regarderais le moins.

D'ailleurs, si l'on voulait descendre dans les détails, on serait étonné de la modicité de la charge qu'aurait à supporter chaque chef de famille pour arriver, je ne dirai pas seulement à l'organisation que je propose, mais à créer nombre d'établissemens d'utilité publique, à l'exécution desquels la pauvreté des communes est toujours opposée comme un obstacle insurmontable. Pour en fournir une preuve, je prendrai pour exemple une population de cinq cents ames; ce n'est point choisir une forte commune, puisque cinq cents ames ne supposent que cent feux, ou cent chefs de famille : hé bien, si, dans cette commune, il s'agissait, non pas d'augmenter le salaire d'un garde déjà existant, mais d'y en créer un qui n'existât pas, il ne faudrait que 2 fr. par chef de famille pour procurer 200 fr. de salaire à ce garde. Je le demande, quel est l'homme de bon sens, si pauvre qu'il soit, qui ne donnât volontiers quarante sous par an pour faire surveiller ses récoltes, même pour le maintien de l'ordre public ? Celui qui se plaindrait le plus, serait presque, à coup sûr, celui qui en dépense davantage au cabaret dans une seule soirée.

Si le Gouvernement goûtait cette idée, le projet de cette organisation pourrait lui être présenté très-promptement par mon successeur ; les élémens en existent à la préfecture.

Le projet de cette or-
ganisation pourrait être
soumis très - prompte-
ment au Gouvernement,
s'il l'approuvait.

CHAPITRE III.

De l'Èncaissement des Torrens.

L'encaissement des torrens est le complément de l'opération :

Jᴇ touche au complément de l'opération , lequel doit consister dans la répression des torrens , afin de sauver de leurs ravages le reste des terres des vallées, et de rendre à l'agriculture celles qui ont été ensablées ou emportées par les eaux.

Avant d'y travailler , il faut laisser aux nouvelles forêts le temps de croître et de produire leur effet.

Aucune opération un peu importante ne se fait vîte ; les hommes, en cela, n'ont pas plus de privilége que le temps : que l'on ne s'imagine donc point que , à peine les semis commencés, il faudra s'occuper des digues ; non, on dépenserait beaucoup, sans avoir pour soi aucune chance de succès. Il faut donner aux nouvelles forêts le temps de croître , et leur laisser produire

Quel sera cet effet.

l'effet pour lequel nous voulons les créer. Cet effet, déjà indiqué au commencement de ce Mémoire , sera de rendre aux sommets élevés toute l'attraction dont ils jouissaient lorsqu'ils étaient boisés ; d'arrêter conséquemment les nuages ; de les obliger de se résoudre en rosée au pied des nouvelles forêts ; d'entretenir les cours d'eau à un niveau à-la-fois plus élevé et plus constant ; enfin , de diminuer les chances de ces orages qui transforment de rares filets d'eau en torrens affreux, auxquels rien ne peut résister.

Combien d'années sont nécessaires pour le produire.

De pareils résultats ne sauraient être amenés que par le temps : je laisserais donc croître pendant quinze ou vingt ans , au moins, les forêts nouvelles , avant de travailler à l'encaissement des torrens ; seulement je m'y préparerais pendant les trois ou quatre dernières années, en étudiant le terrain, et en préparant les plans, qui devraient ensuite être exécutés avec toute la célérité possible, pour en assurer davantage le succès.

J'observerai ici que comme ces plans ne seront commencés qu'environ quinze ans après les semis, il est à présumer que le cadastre en aura déjà préparé le plus grand nombre.

Quoique l'encaissement des torrens soit une opération qui appartienne spécialement aux hommes de l'art, je vais, pour cette partie de mon projet, comme pour les autres, donner toute ma pensée.

Mais, avant, je dirai que je serais mal interprété, si l'on inférait de ce qui précède, que je ne suis nullement d'avis qu'il s'exécute aucuns travaux jusqu'à ce que les semis aient acquis quinze ou vingt années. Très-certainement, tout particulier dont les propriétés seront menacées, fera bien de les défendre : mais je ne verrai jamais dans ces travaux partiels que des dépenses peu profitables, rien sur-tout qui puisse être solide ; attendu que je ne croirai jamais que des travaux isolés, non coordonnés, soient en état de résister efficacement, tant qu'on n'aura pas diminué les chances des gonflemens extraordinaires des eaux.

Cependant tout propriétaire menacé peut défendre ses propriétés;

Mais il y a peu de fruit à retirer de ces travaux partiels;

Je pense fermement, au contraire, que, pour réussir, il faut attendre le moment favorable, s'y préparer par l'étude nécessaire des localités et des travaux à exécuter ; puis, quand le moment sera venu, procéder en grand à l'exécution, comme on y aura procédé pour les plantations : alors, seulement alors, j'aperçois une opération digne d'un Gouvernement éclairé, et conçois l'espérance du succès.

On ne peut en espérer que d'un système de digues bien ordonné, exécuté en temps utile et avec rapidité.

Le préliminaire consiste à faire reconnaître par des ingénieurs habiles, jeunes, ne craignant pas leurs peines, et animés d'un véritable zèle, les lits des torrens, depuis leur embouchure jusqu'aux ravins les plus élevés, d'où découlent les eaux versées

Reconnaissance préparatoire des vallées.

par les orages : ils remarqueront les points où doivent commencer les travaux ; ces points seront notés sur les plans. Ici se présente une première difficulté, mais qui n'en sera pas une pour des ingénieurs ; la voici : prendre les torrens trop haut ne mènerait qu'à dépenser de l'argent en pure perte ; si, par exemple, on prétendait les diriger dès le flanc des montagnes, on n'y parviendrait pas ; si l'on y parvenait, qu'y aurait-on gagné, puisqu'on n'aurait rien protégé ? Sur des pentes rapides, l'eau ne se maîtrise point ; elle se rit des obstacles, elle les tourne, elle les renverse, et finit par sourdre de toutes parts ; ce n'est que lorsqu'elle a atteint un certain niveau que l'on peut commencer à lui tracer sa route : d'ailleurs, c'est là seulement que le besoin de la conduire commence à se faire sentir, puisqu'il n'est pas question de protéger les champs situés sur les flancs des montagnes ; loin de les protéger, il est à desirer qu'il n'y en ait pas (1). C'est dans la vallée que sont et doivent être les terres cultivées ; c'est la vallée qu'il faut protéger.

La difficulté dont j'ai voulu parler, est donc de reconnaître le point le plus élevé de la vallée qui puisse offrir une résistance suffisante, et ne soit pas exposé à être tourné par les eaux : c'est ce point qui deviendra la tête des ouvrages à construire. Que si rien n'était assez solide pour servir de tête aux travaux, il serait forcé d'en construire une : à cette tête, et dans des directions toujours parallèles entre elles et à l'axe du torrent, se rattacheront toutes les digues qui devront suivre la vallée jusqu'à son débouché dans une autre.

____

(1) Lorsque je dis qu'il est à desirer qu'il n'y ait point de champs sur les flancs des montagnes, il s'entend bien que je ne parle que de ceux situés sur des pentes trop abruptes et faits après des défrichemens illicites : il y a des plateaux entiers cultivés, des entonnoirs, des pentes douces, où les terres sont retenues, d'espace en espace, par des terrasses en pierres sèches ; ce n'est pas contre ces industrieuses cultures que je porte condamnation.

L'intervalle qui séparera les digues, s'élargira nécessairement à mesure qu'elles recevront de nouvelles eaux ; mais jamais de coudes brusques, d'angles prononcés : l'effet des eaux s'amortit le long des lignes courbes, et ne se porte pas plus sur une digue que sur l'autre, lorsqu'elles s'écartent également, quand il y a nécessité de les élargir ; tandis qu'avec des digues qui reculent quand les digues correspondantes conservent le même alignement, avec des élargissemens subits, des angles, des étranglemens, on n'obtient que des dégradations, parce qu'on ne crée que des résistances.

Il n'est pas toujours nécessaire que les digues courent sans interruption dans toute la longueur d'une vallée ; souvent la nature elle-même s'est chargée de faire obstacle aux torrens. On voit fréquemment des rochers s'avancer, tantôt sur un de leurs bords, tantôt sur tous deux, et là, très-souvent, il n'y a rien à faire : il suffit de se rattacher à la direction donnée aux eaux par ces rochers pour construire des digues solides. Si cependant cette direction était fâcheuse, il faudrait bien la redresser en escarpant le rocher plus ou moins, selon la nécessité et ce que la nature des lieux permettrait.

Point où elles ne seront pas nécessaires ;

Il se rencontre aussi des parties de terrain qui sont fort élevées, et assez consistantes pour résister à l'action des eaux : dans ce cas encore les digues sont inutiles ; des plantations suffisent pour maintenir la consistance des terres.

Où des plantations seront suffisantes.

Au reste, plus les travaux seront continus, plus on sera maître des eaux, moins on risquera que les ouvrages soient pris à revers, et que le prix de beaucoup de temps et de dépense soit perdu en un instant.

Que plus les digues seront continues, plus elles seront durables.

La direction des digues reconnue et tracée, il y a une seconde étude à faire, mais qui peut marcher avec la première ; cette seconde étude aura pour objet de déterminer

Nécessité d'étudier l'espèce de travaux qui conviendra à chaque partie de terrain, quelle sera, par rapport au terrain, l'espèce de digue à construire.

Il ne s'agit pas en effet de faire des travaux pour faire de la dépense, mais de ne faire que les travaux et la dépense nécessaires; or les digues en pierres coûtent de 70 à 80 francs le mètre, tandis que celles en gabions et fascines ne coûtent que de 10 à 20 francs : ce ne sera donc pas la chose la moins importante que de décider, d'après l'inspection des lieux, que là une digue en pierres sera indispensable, qu'ici une digue en gabions sera suffisante; que sur tel point la digue en pierres devra avoir telles dimensions; que là il y faudra un renfort ; qu'ici elle pourra être affaiblie; que la digue en gabions, suffisante sur telle longueur, devra aussi avoir tel renfort sur telle ou telle partie, ou pourra être affaiblie, sans danger, sur telle autre.

Enfin il sera probablement possible, comme nous le disions dans l'instant, de ne faire sur certains points que des plantations pour consolider les rives; dans ce cas, la dépense sera très-peu de chose.

Voilà ce que les ingénieurs auront à reconnaître et à désigner sur leurs plans avec le plus grand soin, afin que, dans le cabinet, ils puissent calculer la dépense de tous les travaux à construire sur toute la longueur d'une vallée.

Une troisième chose qu'ils auront encore à examiner, c'est la partie des digues qu'il sera nécessaire d'exécuter chaque année; d'abord, pour protéger, le plutôt possible, les points les plus menacés; ensuite, afin d'arriver, aussi le plutôt possible, à l'entière confection des travaux, car ils n'auront toute la solidité à laquelle ils doivent atteindre, que lorsqu'ils seront achevés; et, en dernier lieu, pour hâter le moment où le Gouvernement sera couvert de ses avances (ceci s'expliquera au chapitre IV). Les ingénieurs auront donc soin de faire cette désignation à la suite de leurs devis.

Comme ils auront sur leurs plans la largeur des torrens et la direction des digues, il leur sera facile de calculer la surface du terrain qui pourra être rendue à l'agriculture; cette indication, qu'ils affaibliront plutôt que de la forcer, sera aussi mise à la suite des devis.

Il est beaucoup plus du domaine des ingénieurs que du mien de déterminer comment les digues doivent être faites sur un point donné, pour résister à l'effort des eaux; cependant, comme on doit éviter toute dépense qui n'est pas strictement nécessaire, je dirai un mot des digues en gabions, parce qu'on en a obtenu de grands succès là où, auparavant, on croyait que les seules digues en pierres pouvaient se maintenir. Ces dernières coûtent, comme on l'a déjà vu, de 70 à 80 francs le mètre cube (construites, il est vrai, en très-grosses pierres, et revêtues de quartiers de roche), tandis que celles où l'on emploie des gabions coûtent seulement de 10 à 20 francs le mètre courant. L'usage de celles-ci est donc de beaucoup préférable par-tout où elles pourront suffire : voici comment on les confectionne.

On fait sur le gravier une sorte de glacis avec des buissons, des fagots, des branches d'arbres, en préférant ceux qui viennent facilement dans les terrains humides, tels que l'anne, le saule, le peuplier, l'osier : on donne cinq mètres de largeur à ce glacis, qui, du côté de l'eau, finit presque à rien, et, du côté des terres, a un mètre et demi d'épaisseur.

C'est sur ce glacis que l'on place les gabions ou grands paniers, de forme conique, faits de saule ou d'osier. La pointe se tourne du côté de l'eau, et la gueule du côté des terres : le diamètre de la gueule est d'un mètre soixante-quinze centimètres environ; et la longueur du gabion, de cinq mètres. Les gabions posés à côté l'un de l'autre, on les remplit de pierres; chacun peut en contenir environ soixante quintaux : mais, afin que le glacis s'affaisse également, on met seulement le tiers de la charge dans une douzaine de gabions, puis le second tiers, puis le reste, et on continue de charger ainsi les autres, de douzaine en douzaine ; avec cette précaution, le glacis s'affaisse uniformément, sans se déranger, et se réduit à moitié de son épaisseur, c'est-à-dire, à environ soixante-quinze centimètres.

Cela fait, on plante des bâtons de saule et de peuplier dans l'intervalle des gabions, et au travers des glacis ; on les enfonce le plus possible ; et la première crue qui atteint la digue, remplit de limon l'intervalle des branches qui composent le glacis, et l'intervalle qui existe entre les pointes des gabions. A cette première crue, l'eau traverse cette fortification comme un crible; mais aux crues suivantes elle ne la traverse plus. Après la première, on plante de nouvelles branches de saule ou de peuplier dans l'intervalle que les pointes des gabions laissent entre elles du côté du torrent ; et comme les branches sont fichées dans le limon qu'ont déposé les eaux, elles reprennent beaucoup mieux que les premières; la digue acquiert ainsi, chaque année, une solidité nouvelle.

Expérience de M. Arnauld de Puimoisson, qui en prouve l'efficacité.

Je citerai M. Arnauld de Puimoisson, député du département des Basses-Alpes, comme ayant exécuté de pareilles fortifications sur la rivière d'Asse, laquelle est très-rapide, et j'ajouterai qu'elles lui ont parfaitement réussi : il se propose de les continuer sur une très-grande longueur; chaque année il y travaille.

Lorsque la rive est moins menacée, il espace ses gabions pour diminuer la dépense ; alors ils ne se touchent plus à la gueule du côté des terres : aussi les traverse-t-il horizontalement avec de fortes branches d'arbres pour les lier entre eux ; puis il

(55)

remplit les intervalles de fagots ; et quand les gabions s'abaissent par l'effet de leur charge, les bâtons qui les unissent pressent les fagots sur le glacis.

Lorsque le terrain ne demandera qu'à être affermi par des plantations, les arbres que nous venons de citer seront d'un excellent usage : on pourra y ajouter le vernis de la Chine, le mûrier à papier, dont nous avons parlé au paragraphe des graines ; ces arbres jettent des drageons à des distances assez grandes, et le dernier donne autant de nouveaux arbres qu'on peut faire de tronçons avec ses racines. Tous deux croissent avec rapidité, et formeraient bientôt d'épaisses barrières que l'eau ne pourrait renverser.

Tandis que les ingénieurs feraient, à vue de leurs plans, le devis de la dépense, l'administration organiserait, dans toutes les communes intéressées aux travaux, des commissions syndicales, semblables à celles qui existent aujourd'hui dans beaucoup d'entre elles. Les membres en seraient choisis parmi les propriétaires riverains, puisque ce sont eux qui doivent supporter la dépense. Leur première opération serait de déterminer quels seraient les propriétaires qui y concourraient, comme aussi dans quelle proportion. Il serait bon, pour plus d'impartialité, que les commissions syndicales fussent d'accord sur cette proportion avant que la dépense leur fût connue.

Alors le préfet leur communiquerait le travail des ingénieurs, chacune en ce qui les concernerait, ayant soin de leur indiquer la quotité des travaux que les ingénieurs auraient jugé devoir être exécutés chaque année, pour arriver à les terminer le plus promptement possible.

J'avoue que je souhaiterais ici une mesure extraordinaire, afin d'éviter que les torrens emportassent les ouvrages avant leur achèvement. Il est tellement nécessaire de les exécuter rapidement, qu'il serait à desirer que l'on pût, dans une même campagne, commencer et achever tous les travaux d'une même vallée : alors les ouvrages inférieurs, s'appuyant toujours aux ouvrages supérieurs, ne risqueraient pas d'être tournés, et l'on aurait atteint à-la-fois le plus de solidité et d'économie possible ; car il y a toujours économie à faire vîte, quand en même temps on fait bien.

Je sais qu'il n'est pas permis, d'après la législation existante, de faire contribuer un particulier à de pareils travaux pour plus du quart de ses contributions ; mais des circonstances particulières peuvent mériter une exception, et je voudrais ici qu'un grand effort fût fait pour obtenir un grand résultat. Ce n'est qu'à cette condition, pourrait-on dire aux communes, que le Gouvernement viendra à votre secours ; il y viendra pour moitié de la dépense, si vous-mêmes n'y voulez pas regarder. Que s'il

Si cet effort est impossible, nécessité qu'une vallée travaillât simultanément.

y a impossibilité d'aller aussi vîte qu'il le faudrait, tous les efforts de l'administration devraient tendre au moins à ce que toutes les communes d'une vallée travaillassent simultanément, afin qu'il fût exécuté dans une année tout ce qu'il serait humainement possible de faire.

La surveillance des travaux devrait être confiée à des ingénieurs.

Le Gouvernement fournirait suffisamment d'ingénieurs pour la direction et la surveillance des travaux ; car ici je n'admets pas l'emploi des piqueurs ordinaires : le résultat de tant de dépenses ne saurait être abandonné à des agens inférieurs, qui pourraient mettre peu de zèle à des travaux dont ils ne sentiraient pas bien toute l'importance. Combien de jeunes ingénieurs tiendraient à honneur de diriger une semblable opération !

Que l'encaissement des torrens n'aura jamais lieu, si le Gouvernement n'y concourt pour moitié de la dépense.

Je viens de dire à l'instant que le Gouvernement viendrait au secours des communes pour moitié de la dépense. Ces secours sont de la plus indispensable nécessité : sans l'aide du Gouver-

nement, jamais les communes ne pourraient exécuter de semblables travaux ; elles ont réellement trop peu de revenus, et
les particuliers trop peu d'aisance. Du reste, je montrerai, au
chapitre IV, que ces secours ne seraient que des avances dans
lesquelles le Gouvernement rentrerait assez vîte. Je ne puis dire
au juste à combien elles pourront se monter, puisque la dépense
est difficile à apprécier : cependant je vais essayer de le faire.

Pour arriver à un aperçu de la dépense, je prendrai une vallée
de cinq lieues de profondeur, où tous les travaux à exécuter
formeraient, en les supposant continus, trois lieues de digues
des deux côtés, sans interruption : ce sont six lieues, ou
30,000 mètres de digues à construire. Je supposerai encore
qu'un dixième, ou 3000 mètres, devra être construit en pierres;
six dixièmes, ou 18,000 mètres, en gabions et fascines ; trois
dixièmes, ou 9000 mètres, en plantations.

Prenant 75 francs pour terme moyen du mètre de digue en
pierres, les 3000 mètres coûteront........ 225,000^f.

Quinze francs étant le terme moyen du mètre
de digue en gabions, les 18,000 mètres feront.   270,000.

Les 9000 mètres de plantations pourront
coûter 3 francs le mètre, ci............   27,000.

Total des travaux de la vallée.........   522,000.

Ayant supposé que le Gouvernement aidera
les communes pour moitié, la portion à sa charge
sera de.............................   261,000.

Si l'on travaillait dans cinq vallées à-la-fois, la dépense serait
quintuple ; car on peut supposer qu'il y aura dans chacune,
terme moyen, la même quantité de travaux à effectuer.

Il y a telle vallée où il y en aura peu à exécuter ; dans

H

telle autre il y en aura beaucoup plus. Dans l'une la dépense sera peu de chose, mais aussi très-peu de terres y seront à reconquérir ; tandis que dans l'autre, où les digues seront presque continues, la dépense sera très-forte , mais aussi l'étendue des terres à gagner y sera très-considérable.

Aperçu de la quantité de terres que fera regagner l'encaissement des torrens :

La Bléonne coule à Digne sous un pont de douze arches; et à Malijai, à quatre lieues au-dessous, elle passe toute entière sous une seule arche : on peut donc maîtriser ses eaux, et rétrécir de beaucoup son lit. De Digne à la Durance, sur une longueur de cinq lieues, la Bléonne a une largeur croissante de 50 à 100, même jusqu'à 200 toises : que l'on juge de la quantité de terrain à reconquérir ; elle serait de 25, 50, 100 toises de largeur, et au-delà.

Elle serait considérable sur la Bléonne,

Que serait-ce de la Durance , qui, entre Sisteron (où elle passe sous un pont de quelques arches, appuyé par chacune de ses culées à des montagnes presque perpendiculaires) et le bac de Mirabeau (où le rapprochement des montagnes est presque pareil), couvre quelquefois un quart, même un tiers de lieue de terrain ? C'est là que des digues , quoi qu'elles coûtassent, procureraient d'immenses bénéfices ; car la vallée que traverse cette rivière était des meilleures terres du département, et elles se remplaceraient par d'autres aussi bonnes, le limon que la Durance charrie dans ses débordemens étant excellent. La quantité de terrain à regagner passe ce qui peut s'imaginer ; je ne crois pas, d'après des aperçus, qu'elle fût au-dessous de dix millions de toises carrées, ou 4000 hectares.

Presque incalculable sur la Durance.

Des Juifs avaient eu le projet de l'encaisser avant la révolution :

Une compagnie de Juifs avait, dit-on, voulu tenter cette entreprise, il y a une trentaine d'années; mais il n'y a pas eu de commencement d'exécution, que je sache, soit que ces Juifs n'eussent pas les fonds nécessaires, soit que la révolution les ait arrêtés. Je dirai, au reste, pour la Durance, ce que j'ai dit pour les autres torrens, savoir, qu'il faudrait reboiser les montagnes dont les eaux se versent dans son lit, et n'entreprendre les digues que vingt années après. Le succès qu'on obtiendrait dans les Basses-Alpes, serait le plus puissant encouragement pour une si belle opération. Inutilité d'y penser, avant d'avoir reboisé les montagnes qui y versent leurs eaux.

Nous avons répété plusieurs fois que l'un des avantages à retirer de l'encaissement des torrens serait de regagner les terres qui ont été ravagées par les eaux ; cette conquête ne peut s'opérer qu'en déterminant des atterrissemens. Pour y réussir, il suffit de faire pénétrer par derrière les digues, au moyen de petits aqueducs ménagés à dessein, les eaux des torrens, lorsqu'ils viennent à être gonflés par les orages. Ces eaux sont alors comme de la vase, et plus épaisses que l'on ne peut se le figurer ; car on ne voit rien de semblable dans les pays de plaines. La quantité de terres qu'elles charrient est telle, qu'en une seule année il s'en dépose une couche de six pouces, et quelquefois plus. De la manière dont se déterminent les atterrissemens.

Les atterrissemens se forment plus ou moins rapidement, selon les vallées, ou, pour parler plus exactement, selon le sol des montagnes sillonnées par les eaux qui se versent dans telle ou telle vallée. Sur la Bléonne, trois ans suffisent, après la confection des digues, pour recouvrir le sol de quinze à dix-huit pouces d'excellente terre végétale; sur la rivière d'Asse, il faut quatre années pour arriver au même résultat. Rapidité avec laquelle ils se forment.

Après trois ou quatre ans, quand cette couche a atteint une épaisseur suffisante pour porter des récoltes, ces terres neuves n'ont point encore toute la valeur qu'elles doivent acquérir : ce n'est qu'après deux ou trois ans de culture, et lorsque les engrais les ont échauffées, qu'elles jouissent de toute leur fécondité; alors elles valent vingt sous la toise carrée, ce qui fait 2500 fr. l'hectare. Temps après lequel ils atteignent toute leur fécondité, Et ce qu'ils valent alors.

On peut juger, d'après cela, des bénéfices que procurerait

H *

une entreprise comme serait l'encaissement de la Durance entre Sisteron et Mirabeau, dont nous parlions dans l'instant, puisqu'on ne peut pas évaluer les terres que l'on regagnerait, à moins de dix millions de toises carrées. Trois ans après leur mise en culture, ces terres vaudraient dix millions de francs, tandis que les digues à construire ne coûteraient, au *maximum*, qu'entre quatre à cinq millions : les capitaux employés à cette opération seraient donc doublés.

Au reste, on n'obtiendrait point de semblables bénéfices, on ne couvrirait même pas ses fonds, qu'il ne faudrait pas moins élever des digues ; car on ne doit pas perdre de vue que la conservation des terres encore existantes est le premier but de l'encaissement des torrens.

CHAPITRE IV.

Des Moyens d'amortir les Avances du Gouvernement.

J'AI attendu que je fusse arrivé au chapitre de l'amortissement, pour traiter la question de l'augmentation des contributions à asseoir sur les terres incultes converties en forêts, tant sous le rapport de cette augmentation en elle-même, que sous celui de l'addition de cette augmentation à la contribution foncière du département. Cette question m'a paru se rattacher davantage à cette partie de mon Mémoire, qu'au §. III du chapitre II; car, bien qu'il y soit question des contributions, elles n'y sont pourtant considérées que sous le point de vue de l'encouragement qui doit résulter de leur abandon aux propriétaires pendant dix années, s'ils veulent faire des semis; tandis qu'ici la question est autre : de sa solution dépend l'existence du fonds d'amortissement dont nous avons besoin pour faire rentrer le Gouvernement dans toutes les avances qu'il consentirait à faire au département, pour les digues comme pour les semis.

Je commence par examiner la question sous le rapport de l'augmentation d'impôt que devront supporter les terres incultes converties en forêts ; la réponse sera facile.

En principe, du moment où la nature des produits d'un terrain vient à changer, il y a lieu à augmentation ou diminution de l'impôt qu'il supporte ; aussi les terres sont-elles classées par nature de culture ; les champs ne sont pas imposés comme les

Conséquemment la contribution des terres incultes converties en forêts doit être augmentée.

Au profit de qui le sera-t-elle.

Manière dont s'opère la répartition des contributions entre les départemens :

Ce n'est que dans leur intérieur que les changemens de nature de culture sont pris en considération ;

L'augmentation dont il s'agit doit donc être au profit du département, et servir à alléger l'impôt foncier des autres propriétés.

vignes, ni les vignes comme les bois : donc les terrains incultes que l'on convertit en forêts, sont passibles d'une augmentation de contribution.

Cette augmentation en sera-t-elle une à la contribution foncière du département, ou tournera-t-elle à son allégement, au profit des autres propriétés ? C'est là le second point de vue sous lequel nous avons à examiner la question.

Ici je me vois forcé d'entrer dans plus de détails.

La totalité de la contribution foncière du royaume se répartit entre les départemens, d'après les bases qui furent établies par l'Assemblée Constituante, ou qu'elle trouva établies ; et, quoi qu'il arrive dans l'intérieur d'un département en fait de changement de nature de culture, on ne s'en occupe pas lors de la répartition générale. Ces changemens ne sont pris en considération que sur les lieux mêmes, soit par le conseil général du département, lors de la répartition entre les arrondissemens ; soit par les conseils d'arrondissement, lors de la répartition entre les communes ; soit enfin par les répartiteurs des communes, lors de la répartition entre les propriétaires (1). Si une quantité quelconque de terres subit un changement de culture qui les fasse descendre de classe, ce dont elles sont allégées est reporté sur les autres propriétés. Si, au contraire, le changement de culture fait monter les terres dans une classe supérieure, l'augmentation qu'elles supportent, tourne à l'allégement des autres. Ainsi, dans le cas qui nous occupe, l'augmentation de contributions à supporter par les terres vaines mises en nature de bois devrait servir à faire dégrever les autres propriétés foncières des Basses-

______

(1) Ceci n'est pas d'une rigoureuse exactitude, parce que ce ne sont pas les répartiteurs qui font ce travail, mais le directeur des contributions. Cependant, comme les premiers dressent des états de mutation, qui servent de base au travail du directeur, on doit regarder que cela revient au même pour mon objet.

Alpes ; l'opération que je propose serait donc, en principe, une véritable cause d'allégement pour les propriétaires de ce département.

Néanmoins, comme l'opinion contraire pourrait être élevée, je dois la discuter.

Prétendre le contraire, c'est-à-dire, vouloir que l'augmentation de contributions en question revienne *de droit* au Gouvernement, et soit, en conséquence, ajoutée à la contribution foncière du département, me semble blesser également la justice et les principes.

En vain, pour opposer principe à principe, on dirait que, dans les départemens où l'on fait sortir du fonds même de nouveaux produits, ces produits donnent lieu à une augmentation réelle de l'imposition foncière de ces départemens ; en vain l'on citerait en preuve la redevance assise sur les mines, redevance qui, bien réellement, est une augmentation de contribution foncière dont le Gouvernement profite : je dirais qu'ici le cas n'est point pareil, parce que les forêts que je propose de créer, existaient autrefois, du moins en très-grande partie ; ainsi ce ne sont pas de nouveaux produits qui se présenteront, mais d'anciens que l'on ne fera que rétablir.

Ce serait vainement encore que, pour fortifier ses prétentions, on avancerait,

1.° Qu'il s'agit de créer plus de forêts qu'il n'en a existé autrefois dans le département, ou du moins qu'on ne se le rappelle ;

2.° Qu'il y a tout lieu de présumer qu'anciennement on a opéré les dégrèvemens qui ont dû résulter de la destruction des forêts : d'où il doit résulter

Que, pour toute forêt qui n'en remplacerait pas une anciennement existante, l'augmentation de contribution est, de droit, acquise à l'État ;

Et qu'ayant dû y avoir dégrèvement au profit de la Provence, lors de la perte des forêts, il doit y avoir regrèvement au profit de l'État si on les rétablit :

Vainement encore on conviendrait de la différence qui doit exister entre les forêts nouvelles et les terres à regagner sur les torrens ;

L'ancienneté des faits ne permet pas d'en déduire des conséquences contre les principes,

Et les propriétés doivent être allégées par suite de l'augmentation de l'impôt des forêts nouvelles;

Mais le Conseil général est le maître de voter le contraire.

Ensuite, que, pour celles qui remplaceraient les anciennes forêts, comme la destruction de celles-ci a indubitablement donné lieu à des dégrèvemens, et que ces dégrèvemens ont eu nécessairement lieu au profit de la haute Provence, il s'ensuit que le regrèvement est, *de droit encore*, au profit de l'État, lorsque ces forêts viennent à être recréées.

Vainement, enfin, on conviendrait qu'à cet égard il y a une différence entre les terres incultes mises en nature de bois, et celles qui seront reprises aux torrens, et que l'augmentation de contributions à subir par ces dernières ne peut tourner qu'au profit des autres propriétés foncières, attendu que, leur dégradation par les torrens étant moderne pour la plus grande partie, on sait que l'impôt est resté, quoique la matière imposable ait disparu ; d'où il résulte que, lorsqu'elles seront rendues à l'agriculture, elles devront, de toute justice, servir à alléger l'impôt foncier des autres propriétés.

Tout en admettant cette différence entre les terres qui seront reprises aux torrens et celles qui seront converties en forêts, parce que je la trouve fondée, je répondrai à tous les raisonnemens qui précèdent, par une seule chose : c'est que tout ce qui concerne les anciennes forêts se perd dans l'obscurité des temps, et leurs quantités, et leur ancienne situation, et les dégrèvemens auxquels leur destruction a pu donner lieu; et que, conséquemment, il me semble de toute impossibilité de conclure pour le regrèvement au profit de l'État. Je persiste donc dans l'opinion que j'ai émise tout-à-l'heure, savoir, que l'augmentation de contributions à subir par les terres incultes qui seront mises en nature de bois, doit tourner à l'allégement des autres propriétés foncières des Basses-Alpes.

Mais, si cela est, à mon sens, de justice rigoureuse, je ne vois pas pourquoi, en considération des secours que le Gouvernement accordera au département pour une opération que celui-ci ne pourrait jamais exécuter sans ces secours, et dont il recueillera les premiers et les principaux fruits, le Conseil général ne consentirait pas à ce que cette augmentation fût ajoutée à la contribution foncière des Basses-Alpes, afin qu'elle formât un fonds d'amortissement, dont la destination serait de couvrir les avances du Gouvernement.

Il n'y aurait dans ce vote rien que de légal ; et le bon esprit qui anime le Conseil général, ne me laisse pas douter un moment que ce vote ne lui soit dicté par la reconnaissance plus encore que par son intérêt. L'augmentation dont il s'agit ne sera point onéreuse au département : elle fournira un moyen aussi simple que juste de rembourser au Gouvernement toutes les sommes qu'il prêtera, soit pour encourager les semis, soit pour encaisser les torrens ; et ce dernier, sûr de rentrer dans toutes ses avances, n'aura guère de motifs pour se refuser à en faire au département.

Quoi qu'il en soit, c'est sur cette augmentation, et en présupposant le vote du Conseil général, que j'ai fondé les calculs qui vont suivre et les tableaux qui sont à la fin de ce Mémoire.

La contribution assise sur les terres incultes est, terme moyen, pour tout le département des Basses-Alpes, de 22 centimes par hectare : et le terme moyen, aussi pour tout le département, de l'impôt assis sur les bois existans, est de 72 centimes, également par hectare ; d'où résulte une différence de 50 centimes qu'un hectare converti en forêts paiera de plus que lorsqu'il était inculte. C'est cette différence qui composerait le fonds d'amortissement.

Je ne crois pas avoir besoin d'observer que cette augmentation, assise sur les nouvelles forêts, sera proportionnelle à l'utilité que l'on pourra en retirer ; c'est-à-dire que celles dont

Alors cette augmentation composera un fonds d'amortissement,

Qui servira à rembourser le Gouvernement de ses avances pour les digues comme pour les semis.

Les calculs suivans reposent sur ce vote, que l'on présuppose.

Terme moyen de l'impôt assis sur les terres incultes du département ;

Terme moyen de celui que paient les bois ;

Différence formant le fonds d'amortissement.

L'augmentation sera proportionnelle à l'utilité dont les bois nouveaux seront pour les propriétaires.

I

l'exploitation sera difficile, subiront une augmentation moindre de 50 centimes par hectare: car, puisque 50 centimes sont le terme moyen de l'augmentation, il y aura nécessairement plus de bois qui paieront moins, qu'il n'y en aura qui paieront plus.

Elle ne commencera que la onzième année après les semis.

Comme il a été dit au paragraphe des contributions, *p. 39 et 40*, que dix années seront remises aux propriétaires des semis qui auront réussi, et que cette remise datera de la première année où ils auront été effectués, il s'ensuit que ce n'est que dix ans après le premier semis que le Gouvernement commence à toucher l'augmentation de 50 centimes par hectare pour tout ce qui a été semé dix ans auparavant.

Un cinquième étant supposé devoir périr, l'augmentation ne portera que sur quatre cinquièmes des semis.

Nous avons encore, *page 41*, évalué au cinquième les semis qui, chaque année, ne réussiront pas; d'où il suit que le cinquième seulement des semis subira l'augmentation de 50 centimes, et que le cinquième dont les semis n'auront pas eu de succès, continuera, sans interruption, de payer la même contribution qu'il payait auparavant. Il a été fait état de cette diffé-

On y a eu égard dans les tableaux 1 et 2.

rence dans les tableaux 1 et 2, comme l'indiquent les titres des colonnes 7, 8 et 9.

Reste à rechercher dans combien d'années le Gouvernement sera couvert de ses avances.

Ceci posé, il ne me reste plus qu'à montrer, par des calculs, dans quel laps de temps le Gouvernement récupérera ses avances, d'abord pour le boisement des montagnes, et ensuite pour la construction des digues; c'est ce que je vais faire dans les deux paragraphes suivans.

§. I.er

De l'Amortissement des Avances du Gouvernement pour le Boisement des Montagnes.

Tableau n.º 1, dressé pour montrer les effets de l'amortissement, relativement aux semis.

Pour rendre palpables les effets de l'amortissement, j'ai dressé le tableau n.º 1, qui embrasse un semis de 20,000 hectares.

(67)

On y voit ce que sont les avances du Gouvernement, chaque année, tant pour les graines que pour les primes ; à combien se montent, chaque année, les contributions remises, suivant le progrès de l'opération ; ce qu'elles sont, à dater de la dixième année, lorsque le Gouvernement commence à les toucher ; enfin, le bénéfice net qu'il y trouve : ce qui rend facile à calculer l'époque à laquelle il sera remboursé tant des contributions remises que des primes et des graines.

Si j'analyse ce tableau plus en détail, j'y trouve,

1.° Qu'après dix ans les avances en argent du Gouvernement se monteront, tant pour les graines que pour les primes, à 534,000 francs, et cesseront à cette époque ;

2.° Que la remise des contributions continuera, mais ira en diminuant, dès la onzième année jusqu'à la dix-neuvième, après laquelle elle cessera ;

3.° Que cette remise ne portera que sur $4/5$ des semis, puisqu'un cinquième étant censé n'avoir pas réussi, la contribution continuera d'être perçue pour $1/5$ sur le même pied que par le passé ;

4.° Qu'à la onzième année le Gouvernement commencera à toucher les contributions pour les $4/5$ des semis faits dix ans auparavant, et qu'elles sont augmentées des 50 centimes qui font la différence de l'impôt de l'hectare boisé à l'hectare inculte ;

5.° Que le *boni* qui en résulte augmentera rapidement jusqu'à la vingtième année, tandis que la contribution remise ira toujours en décroissant ;

6.° Que ce *boni* sera chaque année de 8000 francs, à dater de la vingtième, quand tous les encouragemens du Gouvernement auront cessé ;

I*

7.° Enfin, que le Gouvernement sera couvert de toutes ses avances pour les semis après quatre-vingt-six ans ; ce qui laissera libre un fonds annuel de 8000 francs, qui servira à amortir les avances du Gouvernement pour les digues.

Si le terme moyen de l'augmentation des contributions à subir par les nouvelles forêts dépassait 50 centimes, ce qui est très-possible, ce nombre de quatre-vingt-six années diminuerait proportionnellement : ainsi il n'en faudrait plus que soixante-deux pour rembourser le Gouvernement, si le terme moyen de l'augmentation était de 75 centimes au lieu de 50.

Comme on pourrait me demander sur quoi je fonde l'espoir que ce terme moyen pourrait être plus élevé, j'en donnerai pour premier motif, que j'ai borné à 150,000 hectares la quantité des terres à semer, et que j'en ai exclu 166,000, après défalcation faite de 75,000 hectares de bruyères ; d'où il suit qu'il y a tout à parier que l'on pourra assez aisément tirer parti des 150,000 hectares mis en nature de bois : tout ce qu'il y a de plus inaccessible, de plus dépourvu de sol végétal, de plus rebelle enfin à l'opération, par quelque cause que ce soit, peut être rangé dans les 166,000 hectares qui en sont exclus ; cette quantité forme encore une assez belle étendue laissée à l'infertilité, surtout lorsqu'on a 75,000 hectares de bruyères à y ajouter.

En second lieu, pour que 50 centimes soient un terme moyen, il faut, comme je l'ai déjà observé, *pag. 21 et 66*, qu'il y ait des bois qui subissent une augmentation moindre, et encore que la quantité qui paiera moins surpasse de beaucoup celle qui paiera plus : or j'ai quelque peine à m'expliquer comment des bois qui ne serviraient même qu'à nourrir du bétail par la vaine pâture, ne seraient pas susceptibles de subir une augmentation de 50 centimes au moins par an, ce qui éleverait le terme moyen ; il y a donc des chances très-réelles pour qu'il soit plus fort que je ne l'ai indiqué. Si je l'ai fixé à 50 centimes, c'est que j'ai dû me renfermer dans les données qui m'ont été fournies, à cet égard, par M. le Directeur des contributions directes.

Il a été exposé, *page 27*, que si l'on voulait atteindre les grands résultats indiqués comme devant être le but de l'opération, ce n'était point à 20,000 hectares qu'il fallait borner les semis, mais que plus on les étendrait, plus on serait sûr de rétablir les climats et de dompter les torrens ; j'ai donc supposé qu'on irait jusqu'à 150,000 hectares, quoique j'aie établi, *page 19*, que 200,000 étaient susceptibles d'être semés avec succès, et j'ai formé le tableau n.° 2, pour aider à calculer l'époque où le Gouvernement serait rentré dans toutes les avances auxquelles l'entraînerait une si grande opération.

Je vais analyser rapidement ce tableau, en prenant plusieurs termes moyens entre les 20,000 hectares qui font l'objet du tableau n.° 1, et les 150,000 qu'embrasse le tableau n.° 2. Les colonnes sont les mêmes ; on y a de même fait état du cinquième qui est censé dépérir chaque année : la seule différence qu'il présente, est que les semis y sont de 3000 hectares par an au lieu de 2000.

Voici ce que j'y trouve :

1.° Que, pour ensemencer 30,000 hectares en dix années, les avances du Gouvernement, tant en primes qu'en frais d'achat et de transport de graines, seront de...... 851,000^f

Que si aux avances en argent on ajoute les contributions remises, s'élevant, dans le cours de dix-neuf années, à.................. 52,800.

on aura un total d'avances de................ 903,800.

dont le Gouvernement sera couvert par le

A reporter.......... 903,800^f

On rappelle que, pour atteindre le but de l'opération, il faut semer le plus possible.

Tableau n.° 2, dressé pour des semis étendus jusqu'à 150,000 hectares.

Semis de 30,000 hectares ;

Report............. 903,800^f

fonds d'amortissement, qui, en quatre-vingt-
dix années, produira une somme de...... 906,000.

Ce qui offre un excédant en faveur du Gouvernement, de.....,................ 2,200.

Après ces quatre-vingt-dix années, il reste un *boni* annuel
disponible de 12,000 francs.

Semis de 60,000 hec-
tares ;

2.° Que, pour 60,000 hectares semés en vingt années,
les avances, tant en primes qu'en graines, se monteront
à.................................. 1,702,000^f

A quoi ajoutant pour les contributions remises
pendant vingt-neuf années, ci............ 105,600.

il y aura un total d'avances de........... 1,807,600.
dont le Gouvernement sera couvert en quatre-
vingt-quinze années, par................. 1,812,000.

Ce qui offre un excédant de............ 4,400.

Le *boni* annuel, après ces quatre-vingt-quinze années, sera
de 24,000 francs.

Semis de 90,000 hec-
tares ;

3.° Que, pour 90,000 hectares semés en trente années, les
avances en argent seraient de............. 2,553,000^f

A quoi ajoutant pour les contributions remises
durant trente-neuf ans................... 158,400.

on aura un total d'avances de............ 2,711,400.
dont le Gouvernement sera couvert en un siècle,
par.................................. 2,718,000.

où se trouve un excédant de............. 6,600.

Après cent années le *boni* annuel sera de 36,000 francs.

4.º Que, pour 120,000 hectares semés en quarante années, les avances d'argent seraient de............... 3,404,000[f]

Semis de 120,000 hectares ;

Et les contributions remises durant quarante-neuf ans, ci............................... 211,200.

Ce qui présente un total d'avances de...... 3,615,200. dont on sera couvert, en cent cinq années, par............................... 2,624,000.

avec un excédant de................... 8,800.

Après ces cent cinq années, le *boni* annuel sera de 48,000 fr.

5.º Enfin, que, pour 150,000 hectares semés en cinquante ans, les avances seraient, tant pour les primes que pour l'achat et le transport des graines, de........... 4,255,000[f]

Semis de 150,000 hectares.

Et les contributions remises pendant cin-quante-neuf années, de.................. 264,000.

Ce qui fait un total d'avances de......... 4,519,000. dont le Gouvernement serait couvert en cent dix années, par.................... 4,530,000.

avec un excédant de................... 11,000.

Après ces cent dix années, le *boni* annuel serait de 60,000 francs.

On a sans doute remarqué, dans cette analyse, que je comptais neuf années de plus de remise des contributions, à chaque opération, que les semis n'en exigeaient pour être terminés; c'est la suite de l'abandon des contributions pour dix ans : cet abandon continue neuf années après l'opération du semis consommée.

Pourquoi la remise des contributions se prolonge de neuf années après les semis faits.

On aura aussi fait attention à l'excédant qui se trouve après l'amortissement des avances de chaque opération : il vient de ce que l'amortissement ne s'opère pas en un nombre d'années sans fractions ; il a fallu forcer chaque fois de quelques mois, et de là cet excédant.

Si, dans les tableaux 1 et 2, on n'avait pas fait état du dépérissement d'un cinquième des semis, les époques de la ren-trée du Gouvernement dans ses fonds seraient bien différentes, parce qu'alors le fonds d'amortissement serait d'un cinquième plus fort ; savoir :

De 10,000ᶠ au lieu de 8,000ᶠ, après 20 ans, pour un semis de 20,000 hect.ˢ
  15,000. id. 12,000ᶠ, id. 20 id., idem 30,000 id.
  30,000. id. 24,000ᶠ, id. 30 id., idem 60,000 id.
  45,000. id. 36,000ᶠ, id. 40 id., idem 90,000 id.
  60,000. id. 48,000ᶠ, id. 50 id., idem 120,000 id.
  75,000. id. 60,000ᶠ, id. 60 id., idem 150,000 id.

Et le Gouvernement se trouverait couvert des avances,

Du semis de 20,000 hectares, après 73 années au lieu de 86.
De celui de 30,000 idem 76 idem 90.
  Idem 60,000 idem 81 idem 95.
  Idem 90,000 idem 86 idem 100.
  Idem 120,000 idem 91 idem 105.
  Idem 150,000 idem 96 idem 110.

c'est-à-dire treize années plutôt pour le semis de 20,000 hectares, et quatorze années plutôt pour chacune des autres opérations.

Ces calculs répondent à l'objection qui a été faite, *page 41*, et dont l'objet était de savoir ce que deviendraient les avances du Gouvernement pour les semis qui n'auraient pas réussi : on vient de voir qu'il n'en résulterait que du retard. Or, qu'est-ce que du retard pour un Gouvernement ? Il n'est poin tcomme les indvidus, il ne meurt jamais; c'est toujours lui qui recueille ce qu'il a semé.

Quelques réflexions sur les divers cas que peut offrir le dépérissement des semis, serviront à montrer qu'il pourrait être moindre d'un cinquième, et qu'alors il faudrait moins de temps pour amortir les avances du Gouvernement.

Les cas qui peuvent se présenter sont nécessairement ceux qui suivent :

Ou, après la première vérification, les semis seront reconnus mal levés; et alors il n'y aura ni primes accordées ni contributions remises, et la valeur des graines sera seule compromise : ou les semis présenteront une belle apparence à la seconde comme à la première vérification, et mériteront à leurs auteurs et la prime et la remise des contributions; puis, soit par défaut de surveillance, soit par toute autre cause, les plants levés dépériront, et, au moment où le Gouvernement croira toucher une augmentation de contributions sur ces semis, le propriétaire viendra à réclamation, prouvera leur dépérissement, et l'augmentation de contributions ne pourra avoir lieu : dans ce cas, primes, graines, contributions remises, tout sera compromis. Voilà bien certainement la chance la plus défavorable; et si je montre que j'ai exagéré la proportion dans laquelle cette chance peut arriver; ensuite, que cette proportion est celle qui a été observée dans mes calculs, il s'ensuivra que le Gouvernement n'aura point à craindre de ne pas rentrer dans toutes ses avances, et qu'au contraire tout doit faire présumer qu'il y rentrera plutôt que je ne l'ai indiqué.

Or, dans quelle proportion ai-je déterminé que les semis dépériraient? Dans celle d'un cinquième : mais un cinquième, c'est 6,000 hectares sur 30,000, et 30,000 sur 150,000 : assurément, en fixant une telle proportion, j'ai accordé aux

Divers cas que peut offrir le dépérissement des semis.

En le fixant au cinquième, on l'a calculé au plus haut possible;

K

difficultés du terrain tout ce qu'il était possible de faire. Il est donc plus que probable que j'ai exagéré plutôt que diminué la perte des semis. Mais on a vu que dans tous mes calculs j'ai fait état du dépérissement d'un cinquième : donc les plus longs termes que l'on puisse assigner à la durée de l'amortissement, sont ceux indiqués aux analyses des tableaux n.° 1 et 2, *pag. 97, 100, 101, 102 et 103 ;* donc toutes les chances sont en faveur de la diminution de cette durée.

Le tableau n.° 3 est la récapitulation des tableaux n.°ˢ 1 et 2, et des calculs auxquels ils ont servi de base ; il met à même de comparer le nombre d'années qu'exigerait le semis de 20, 30, 60, 90,000 hectares, &c., les frais que ces semis entraîneraient, la durée de l'amortissement pour chacune de ces opérations, et le *boni* qui restera libre après l'amortissement consommé.

Le but de ce tableau est de montrer que le nombre d'années nécessaire pour que le Gouvernement récupère ses avances, n'augmente point en proportion de l'extension de l'opération ; c'est-à-dire que, quand le nombre d'hectares semés devient double, triple, quadruple de la première opération (prenant pour unité un semis de 30,000 hectares), le temps nécessaire pour rentrer dans les frais ne devient ni double, ni triple, ni quadruple, mais ne s'accroît que de cinq années à chaque augmentation de 30,000 hectares : de sorte que, pour couvrir les frais d'un semis de 150,000, il ne faut que vingt ans de plus que pour couvrir la dépense d'un semis de 30,000 ; d'où découle un puissant motif d'étendre l'opération, au lieu de la restreindre.

De l'examen des tableaux n.°ˢ 1 et 2 ressort un nouveau fait qui ne peut que porter davantage le Gouvernement à donner aux semis la plus grande extension possible ; c'est que plus on

sème, plus ses avances diminuent ; chose qui paraîtrait para-
doxale, et qui n'est pourtant que l'exacte vérité.

On remarque en effet, sur ces tableaux, que les avances en
argent y sont portées comme étant les mêmes, chaque année,
tant que l'opération continue : il était impossible de ne pas
faire ainsi pour baser mes calculs ; mais le fait est que les
avances du Gouvernement vont réellement en diminuant chaque
année, à dater de la dixième, puisque, dès la onzième, il peut
y appliquer le *boni* qui résulte de l'augmentation des contributions assises sur les nouvelles forêts : ainsi, quelque prolongée
que soit l'opération, l'amortissement commence dès la onzième
année ; et plus elle se prolonge, plus l'amortissement devient
rapide, et moins forts sont les déboursés réels du Gouvernement, proportionnellement cependant à l'étendue de l'opération.

On peut en voir la preuve sur le tableau n.º 2 : à la cinquan-
tième année, le Gouvernement n'a de mise-dehors réelle à effectuer que 37,100 francs ; tandis qu'à la quarantième année cette
mise-dehors est de 49,100 fr. ; à la trentième, de 61,100 fr. ;
à la vingtième, de 73,100 fr. ; et de 85,100 fr. à la dixième
année. Pourtant, lorsqu'il avance 85,100 fr. à la dixième année,
il n'en est qu'à un semis de 30,000 hectares ; et lorsqu'il ne
débourse plus que 37,100 fr., ce sont 150,000 hectares qu'il
est parvenu à convertir en forêts.

Tout-à-l'heure j'ai dit mise-dehors *réelle*, c'est que je ne fais
pas entrer les contributions remises dans les calculs ci-dessus :
je ne considère point en effet une remise de contributions comme
une véritable avance de fonds, mais seulement comme une recette
négative.

C'est par cette raison que, sur les tableaux 1 et 2, la colonne
des contributions ne figure qu'après le total des avances en
argent : toutefois je l'ai comprise dans les avances, lorsque j'ai

K *

recherché à quelles époques leur amortissement serait terminé: il est aisé de le vérifier *pag. 97, 100 , 101 , 102 et 103.*

§. II.

De l'Amortissement des Avances du Gouvernement pour la Construction des Digues.

Au premier coup-d'œil, il semblerait qu'il y eût pour cou-vrir les avances du Gouvernement, nécessitées par la construc-tion des digues, plus de ressources qu'il ne s'en présentait pour amortir celles occasionnées par les semis : ces ressources paraîtraient même devoir se trouver, 1.° dans les contributions à subir par les terres qui seront rendues à l'agriculture après avoir été reprises aux torrens ; 2.° dans la vente de la partie des atterrissemens qui devra appartenir au Gouvernement, si ses avances pour les digues ne lui sont pas remboursées par les rive-rains ; 3.° dans l'augmentation de la contribution des terres converties en forêts, après toutefois qu'elle aura servi à amortir ses avances pour les semis : mais, à l'examen, nous verrons s'éva-nouir la première de ces ressources , la seconde se réduire de beaucoup, et la troisième seule se montrer efficace ; c'est celle-ci, en effet, qui doit et qui peut suffire à tout.

Les contributions à subir par les terres rendues à l'agriculture ne peuvent être ajoutées à la contribution foncière du départe-ment, mais doivent tourner à l'allégement de cette imposition pour les autres propriétés. Ceci a été, je crois, clairement établi dans la discussion qui a eu lieu au commencement de ce chapitre, et je ne me rengagerai pas dans une discussion qui a déjà pu paraître trop longue. Si mon avis a été, malgré tous les raisonnemens mis en avant pour établir le contraire, que l'augmentation de contributions à subir par les terres incultes mises en nature de bois devrait tourner à l'allégement de l'impôt des autres propriétés foncières du département, quoiqu'autrefois il ait pu y avoir des dégrèvemens prononcés en faveur de la haute Provence par suite de la destruction de ses anciennes forêts, me fondant sur ce que ces faits étaient perdus dans la nuit des temps ; à plus forte raison suis-je d'avis que les contributions à asseoir sur les terres qui seront reprises aux torrens et rendues à l'agriculture, doivent tourner à l'allégement de l'impôt des autres propriétés foncières, puisque la perte de ces terres est un fait récent, pour ainsi dire, et qu'il est à la connaissance du Conseil général des Basses-Alpes que l'impôt est resté, bien que la matière imposable ait disparu. Il est juste, si l'on retrouve la matière imposable, que l'impôt soit rétabli, mais au profit des autres propriétés, sur lesquelles on a rejeté constamment la contribution qui pesait sur les terres emportées ou ensablées par les torrens.

Le Conseil général serait très-certainement le maître de consentir à ce que l'impôt à établir sur les atterrissemens fût ajouté à la contribution foncière du département, au lieu de tourner à son allégement ; si tel était son vote, l'amortissement s'opérerait bien plus rapidement, et ce sacrifice de quelques années hâterait l'époque où tous les propriétaires du département éprouveraient une diminution dans leur contribution foncière, tant par suite de la conversion des terres incultes en forêts, que par la reprise sur les torrens des terres qu'ils ont ravagées : mais ce vote ne me paraît point nécessaire, et me semblerait moins juste que celui que j'ai provoqué pour les forêts nouvelles ; attendu que personne ne se souvient de la surcharge d'impôt qui a pu résulter de la destruction des forêts anciennes, et que peut-être même il n'en est point résulté, tandis qu'aujourd'hui chaque propriétaire sent la surcharge qui a été la suite de la perte des terres envahies par les torrens, et s'en plaint tous les jours.

Il n'y a donc pas lieu de s'arrêter à ce moyen de couvrir le Gouvernement de ses avances pour les digues.

La seconde ressource qui s'offre, est la vente de la partie des atterrissemens qui adviendra au Gouvernement, si ses avances pour les digues ne lui sont pas remboursées par les riverains. Ici je dois entrer dans quelques explications, attendu que la loi leur donnant les alluvions, l'opinion que le Gouvernement deviendrait possesseur d'une partie des atterrissemens et pourrait la vendre, semble attentatoire au droit de propriété.

Je commencerai par observer que les atterrissemens qui seront déterminés par les digues, ne peuvent, en aucune façon, être confondus avec les alluvions dont parle le Code civil. On a toujours entendu par *alluvion* un dépôt de terre qui se fait dans un cours d'eau, insensiblement, naturellement, et point du tout par suite de travaux d'art. Ici les atterrissemens que l'on obtient sont le produit des digues; et si le riverain a appelé un autre particulier à son aide pour leur construction, s'ils ont formé ensemble une société, sous la condition de partager les bénéfices de l'entreprise (qui ne peuvent être que les atterrissemens) au *prorata* de la mise de fonds de chacun d'eux, il n'y a plus à voir dans cette association qu'un contrat ordinaire, qui suit le droit commun; auquel, en un mot, les dispositions du Code civil relatives aux alluvions n'ont aucun rapport. Or c'est-là l'arrangement que j'ai supposé, lorsque j'ai avancé qu'une partie des atterrissemens pourra être vendue par le Gouvernement. Non-seulement je l'ai supposé, mais j'ai entendu qu'il aurait, préalablement à la construction des digues, fait une convention avec les riverains, ou ceux qui les représenteraient, et leur aurait dit : « Vos terres sont en partie emportées par » le torrent ; le reste est menacé, des digues seules peuvent » le préserver : vous manquez de fonds pour les élever, parce

» qu'il faut les construire vîte, même le plus vîte possible ; je
» m'offre à vous faire des avances ; nous bâtirons ces digues
» par moitié, et vous aurez tant d'années pour me rendre mes
» avances : mais, si, ce délai passé, vous ne m'avez pas rem-
» boursé, je demande à entrer en partage des atterrissemens,
» sauf la valeur du sol qui vous appartient en entier ; et de
» plus, vous me paierez les intérêts de mes avances, à dater
» de la formation des atterrissemens, c'est-à-dire, de trois à
» quatre années après la construction des digues, selon les
» vallées » *(voyez* ce qui a été dit à ce sujet, *page 59) ;* propositions que je suppose avoir été acceptées.

Il n'y a rien là d'attentatoire à la propriété : le Gouvernement fait des avances, à des conditions qu'il stipule ; on les
accepte, c'est un contrat ordinaire.

Fort bien, si on les accepte, pourra-t-on me faire observer ;
mais il se rencontrera des propriétaires qui, quelqu'évidens que
soient les avantages à retirer de l'encaissement des torrens, se
refuseront à toutes vos propositions, et vous répondront ceci,
n'importe par quel motif : « Je ne veux pas de digues, je ne
» veux pas concourir à la dépense de celles que vous prétendez
» élever ; gardez vos secours : il me convient, à moi, d'avoir
» du sable et des cailloux sur mes propriétés. » Alors comment
obligerez-vous ces particuliers à consentir à la construction des
digues, à accepter vos avances, à vous les rembourser, et, s'ils
ne le veulent pas, à partager avec vous les atterrissemens ?

Cette difficulté ne me paraît point insoluble : la loi a prévu
une résistance à peu près semblable, puisque, dans le cas où
l'intérêt public exige qu'un particulier cède sa propriété, et elle a
tracé les formes à suivre pour l'y contraindre, s'il s'y refuse : il n'y a
donc qu'à examiner si l'intérêt public exige que la résistance que
les propriétaires pourraient opposer à la construction des digues,

Mais peut-on obliger les riverains à accepter les secours du Gouvernement pour la construction des digues !

Par quels motifs on le croit.

et aux propositions du Gouvernement à cet égard, soit vaincue.

Ici je dois rappeler ce qui a été exposé au commencement de ce Mémoire ; savoir, que le département des Basses-Alpes tire ses principales ressources de ses vallées ; que les terres de ces vallées sont emportées plus d'à moitié, et remplacées par d'épaisses couches de sable et de cailloux ; que les deux grandes causes de cette déplorable situation sont le déboisement des montagnes et les défrichemens ; que la seule manière d'arrêter le mal est de mettre obstacle à tout défrichement nouveau, de boiser les sommets, de construire des digues, afin de recouvrer sur les torrens, même avec leur secours, les terres qu'ils ont enlevées à l'agriculture. Enfin j'ai annoncé que, si l'on ne s'occupait point de remédier à cet état de choses, qui va toujours en empirant, la dépopulation des parties hautes du département en serait l'inévitable suite.

Je puis encore ajouter à ce tableau, qui est loin d'être chargé, bien d'autres considérations, telles que le rétablissement des cours d'eau, qui intéresse les Basses-Alpes ; celui des climats, qui intéresse trois départemens, &c. ; et je dis que, si la situation que je viens de rappeler est exacte, si ses conséquences sont une misère toujours croissante pour un nombre considérable de communes, et finalement leur dépopulation, il y a là, ou je ne m'explique pas bien ce que l'on entend par *intérêt public*, un intérêt public de premier ordre. Si l'on tombe d'accord avec moi qu'il est réel, je demanderai s'il n'est pas assez grand pour qu'on ait le droit d'obliger des propriétaires en qui l'intérêt particulier étoufferait les considérations d'un ordre supérieur, à faire fléchir leur intérêt particulier devant ces grandes considérations.

Et comment on les y obligera.

Si, comme je n'en doute point, on répond encore affirmativement à cette question, il ne reste plus que la difficulté de savoir comment on traitera avec tous les riverains ; en un mot, comment on les obligera, absens comme présens, de bonne comme de mauvaise volonté, à concourir aux travaux des digues, à souffrir que le Gouvernement entre pour moitié dans les frais, à lui rembourser ses avances dans un nombre d'années, et enfin à partager les atterrissemens avec lui, s'ils ne le remboursent pas dans les délais fixés.

Si toutes les propriétés d'une commune aboutissaient à un torrent, ou seulement étaient intéressées à son encaissement, le conseil municipal, augmenté des dix plus imposés résidant, serait appelé à délibérer ; et son vote, confirmé par une ordonnance royale, selon les formes prescrites par la dernière loi sur les finances, lierait tous les propriétaires.

Mais ce serait un grand hasard que toutes les terres d'une commune fussent riveraines d'un torrent, ou seulement intéressées à son encaissement ; le plus souvent il n'y en a qu'une faible partie : alors le conseil municipal peut-il être appelé à représenter ce petit nombre de propriétaires, et son vote les lierait-il ? Je ne le crois nullement : le vote d'un conseil municipal lie tous les propriétaires d'une commune, ou aucun.

Quel moyen aurons-nous donc de parvenir au but ? J'entrevois dans la loi du 16 septembre 1807 sur le desséchement des marais, un autre mode de représenter spécialement les seuls intéressés à des travaux, presque de la nature des nôtres : c'est par des commissions syndicales. Ce mode est si bien applicable ici, que par-tout où l'on a créé de ces commissions, c'est sur cette loi qu'on s'est appuyé, ou sur les divers décrets auxquels elle a servi de base.

Mais comme ces commissions, dont j'ai déjà parlé *chap. III, page 55*, ont à dresser des rôles pour la répartition des dépenses, rôles qui sont rendus exécutoires par le préfet, une loi est indispensable pour les instituer, pour déterminer leurs attributions, &c. ; ou plutôt, si mon projet obtenait l'approbation du Gouvernement, comme il nécessiterait une loi, l'organisation des commissions syndicales y serait prévue, ainsi que tout ce qu'elles auraient à faire pour concourir à l'exécution des mesures que cette loi aurait prescrites pour l'exécution de mon plan.

Je regarde donc comme levée la difficulté qui nous occupait, et, ne doutant point que le vote des commissions syndicales ne soit un consentement, autant dicté par la reconnaissance envers le Gouvernement, que par l'intérêt bien entendu des intéressés, je répète que les propriétaires riverains, ou lui rembourseront ses avances, ou partageront avec lui les atterrissemens déterminés par les digues, lorsque l'époque du remboursement se sera écoulée sans qu'il ait été effectué.

Beaucoup de propriétaires, je n'en doute pas, préféreront ce partage, vu que les atterrissemens ne rapporteront pas à la vente tout ce que les digues auront coûté : c'est par cette raison que je n'ai point fait entrer dans mes calculs et dans mes tableaux le remboursement des avances du Gouvernement comme élément; je n'y parle au contraire que du produit de la vente des atterrissemens qui lui adviendront pour ses avances, après les délais fixés pour leur remboursement.

Je n'y fais pas entrer davantage les intérêts que les riverains pourront avoir à lui payer depuis l'époque de la formation des atterrissemens jusqu'à celle de leur vente ; d'abord, parce que ces intérêts ne feraient pas une somme bien considérable ; ensuite, parce qu'il est douteux que le Gouvernement en exige. J'ai dû en parler, attendu que je prends ses intérêts en main, comme ceux du département des Basses-Alpes ; mais j'ai dû prévoir aussi que, dans sa dignité, le premier pourrait ne pas vouloir entrer dans de pareils détails ni de si petits bénéfices, et attendrait, sans exiger aucun intérêt, l'époque du remboursement de ses avances pour les digues, ou celle de la vente des atterrissemens qui lui appartiendront, cette époque passée.

Il y a plus : présumant que le Gouvernement, dans son desir de favoriser les propriétaires le plus possible, se refuserait peut-être à tout partage des atterrissemens, comme au remboursement de ses avances pour les digues de la part des riverains, j'ai calculé ce dont s'en accroîtrait la durée de l'amortissement, et des tableaux sont dressés en conséquence : j'en parlerai plus tard.

Je viens à la troisième ressource pour l'amortissement, la seule qui nous resterait si la supposition ci-dessus se réalisait.

La troisième ressource, celle que nous regardons comme la seule efficace, consiste dans le fonds d'amortissement, après toutefois qu'il aura servi à faire rentrer le Gouvernement dans ses avances pour les semis. Nous savons que ce fonds est de 8000 francs après quatre-vingt-six années, si l'on s'est borné à semer 20,000 hectares ; de 12,000 francs après quatre-vingt-dix années, si on en a semé 30,000 ; de 24,000 francs après quatre-vingt-quinze années, si l'opération s'est étendue à 60,000 hectares ; de 36,000 francs après un siècle, si on en a mis 90,000 en forêts ; de 48,000 francs après cent cinq ans, si les bois nouveaux sont de 120,000 hectares ; enfin, de 60,000 fr. après cent dix ans, si les semis ont été faits sur 150,000 hectares : d'où il suit que plus on convertira de terres incultes en forêts, plutôt le Gouvernement aura recouvré ses avances pour les digues, puisque le fonds d'amortissement sera plus considérable. Ainsi son intérêt particulier se trouve constamment d'accord avec les intérêts généraux développés au commencement de ce Mémoire, pour l'engager, lorsque l'opération sera commencée, à lui donner la plus grande extension possible. Je l'ai déjà dit fréquemment ; mais j'en fais toujours la remarque avec un nouveau plaisir, lorsque j'en trouve l'occasion, parce que, quand tout porte au but, on est sûr de l'atteindre.

L *

Recherche de l'époque
à laquelle le Gouverne-
ment en sera couvert:

Maintenant, afin de calculer en combien d'années le Gouvernement sera couvert des sommes qu'il aura avancées au département pour favoriser l'encaissement des torrens, je dois rappeler les suppositions que j'ai faites pour arriver à un aperçu de la dépense.

A cet effet, on rap-
pelle ce qu'elles coûte-
ront;

On a vu, *page 57*, que la moitié qui serait à la charge du Gouvernement, s'éleverait à 261,000 francs, si l'on ne travaillait que dans une seule vallée, et qu'elle serait de 1,305,000 fr., si l'on avait les torrens de cinq vallées à dompter; puis, au présent paragraphe, qu'il aurait, pour s'en rembourser, d'abord la vente de la moitié des atterrissemens, ensuite le fonds d'amortissement qui sera disponible après la dépense des semis couverte.

On évalue la quotité
d'atterrissemens à espé-
rer ;

Commençons par chercher ce que les atterrissemens pourront produire.

Ce n'est pas forcer la chose que d'évaluer à une largeur de 50 mètres sur chaque rive la bande de terre que les digues aideront à gagner sur le torrent de notre première vallée; ce qui, sur une longueur de six lieues, ou 30,000 mètres, à laquelle nous avons borné les travaux, *page 57*, donne une surface de 1,500,000 mètres carrés. Le Gouvernement, ne devant concourir à la dépense des digues que pour moitié, n'aura droit qu'à la moitié des atterrissemens, ou 750,000 mètres carrés.

On établit la valeur
de ceux qui appartien-
dront au Gouvernement;

Il a été dit, *page 59*, que ces terres vaudraient 20 sous la toise carrée, ou 25 centimes le mètre carré, après trois ou quatre années de culture, mais dans les mains des propriétaires et pour eux; car, du moment où ce sera le Gouvernement qui les vendra, elles perdront de cette valeur. En second lieu, il ne faut pas se dissimuler que le voisinage du torrent leur en ôtera encore, parce que la crainte de voir les digues renversées et ces terres ravagées de nouveau sera toujours contre elles un préjugé défavorable ; nous ne les estimerons donc que la moitié de ce qu'elles vaudront, après trois années de culture, pour le propriétaire qui les gardera, c'est-à-dire, 50 centimes les quatre mètres carrés.

Les 750,000 du Gouvernement, s'il n'y avait pas à en défalquer la valeur du fonds, vaudraient donc........ 93,750^f

Cette valeur du fonds, qu'il s'agit maintenant d'apprécier, est bien peu de chose, puisque le sol végétal est non-seulement emporté, mais remplacé par une couche épaisse de sable et de cailloux, aussi impossible qu'inutile à enlever, vu les frais que cela coûterait et le défaut de terre végétale : d'après cela, je crois estimer le fonds suffisamment en le portant à un centime la toise carrée, ou 25 francs l'hectare. Il faut donc, pour les 750,000 mètres carrés ci-dessus, retrancher de la valeur des atterrissemens celle du fonds sur lequel ils se seront formés, ci   1,875.

Restera pour le produit des atterrissemens........ 91,875.

La dépense étant de 261,000 francs, le bénéfice résultant de l'augmentation de contribution à subir par les forêts nouvelles aura encore à amortir..... 169,125.

Somme pareille.......... 261,000.

S'il n'y avait de travaux que dans cette seule vallée, et qu'on y appliquât l'augmentation de contribution devant résulter d'un semis de 30,000 hectares, laquelle est de 12,000 fr., déduction faite du cinquième pour les semis dépéris, quinze années suffiraient à l'amortissement des 169,125 francs ci-dessus.

<table>
<tr><td width="22%" valign="top">

Il en faudrait moins si l'on avait semé davantage.

</td><td valign="top">

Il ne faudrait que huit années si l'on avait semé 60,000 hectares ; cinq ans , si l'on en avait semé 90,000 ; quatre ans, si l'on en avait semé 120,000 ; et seulement trois ans, si 150,000 hectares avaient été convertis en bois.

</td></tr>
<tr><td valign="top">

Mais l'amortissement s'opérera moins vite, parce qu'il y aura plusieurs torrens à encaisser,

</td><td valign="top">

Mais il n'est pas qu'un seul torrent à encaisser ; et si je n'en compte que cinq, c'est que je n'y comprends point les petites vallées, tellement resserrées, que le rocher descend presque toujours jusqu'aux rives du torrent, qu'il y a peu de terres cultivées sur ses bords, et très-peu de travaux à exécuter. Je ne parle ici que des vallées principales, comme celles de l'Asse, de la Bléonne, du Verdon, &c. Il est à espérer d'ailleurs que les travaux à faire dans les petites vallées pourront se trouver sur la dépense à laquelle on évalue ici les travaux à exécuter dans les cinq grandes.

Du moment où il y a plus d'un torrent à encaisser, il y a plus de dépense à faire; le fonds d'amortissement se divise, et le nombre d'années pour consommer l'extinction des avances s'augmente.

</td></tr>
<tr><td valign="top">

Ce qu'il faudra d'années pour l'opérer , suivant le nombre de torrens encaissés et d'hectares semés en bois.

</td><td valign="top">

Le tableau n.° 4 montrera quel serait ce nombre d'années, suivant le nombre de vallées où l'on aurait travaillé, et la quantité de terres incultes converties en forêts.

</td></tr>
<tr><td valign="top">

Ce que serait ce nombre d'années , si le Gouvernement renonçait aux atterrissemens.

</td><td valign="top">

Peut-être le Gouvernement, voulant favoriser, comme je l'ai déjà dit, *page 83,* les propriétaires riverains des torrens, se refusera-t-il à entrer en partage des atterrissemens ; dans ce cas, la vente de la partie qui lui en adviendrait, ne peut plus être mise au rang des ressources destinées à le couvrir de ses dépenses. Dans cette hypothèse, la différence de contribution de l'hectare boisé à celle de l'hectare inculte forme seule le fonds d'amortissement, et, conséquemment, le nombre d'années nécessaire pour que le Gouvernement soit remboursé, devient plus considérable. Le tableau n.° 5 indique ce nombre

</td></tr>
</table>

d'années, suivant les différentes opérations qui auront été exécutées.

Le rapprochement des tableaux 4 et 5 fait ressortir davantage combien il importe au Gouvernement d'étendre l'opération du semis, pour arriver au prompt remboursement de ses avances; on y voit, par exemple, que si l'on avait encaissé cinq torrens, que l'on n'eût semé que 30,000 hectares, et que le Gouvernemént se fût refusé à entrer en partage des atterrissemens, cent neuf ans seraient nécessaires pour qu'il récupérât ses déboursés, et soixante-onze ans, si l'on eût vendu les attérissemens; tandis que si l'on avait couvert de bois 150,000 hectares, il ne faudrait que vingt-deux ans pour être remboursé, même en abandonnant les atterrisemens aux riverains; et seulement quinze, si l'on eût usé de cette ressource. Entre cent neuf ans et vingt-deux, dans l'un de ces deux cas; soixante-onze et quinze, dans l'autre, quelle différence !

Ce qui résulte du rapprochement des tableaux 4 et 5.

J'ai pris, il est vrai, dans cet exemple, les points extrêmes de chacune des opérations, mais c'est pour rendre plus saillante la nécessité de semer le plus possible chaque année, et aussi long-temps qu'on le pourra; car alors on amenera d'incroyables résultats, et l'on sera couvert des frais en très-peu de temps.

Puisque je m'attache à réfuter toutes les objections, je dois prévenir celle qui suit.

Mais, pourrait-on m'alléguer, les terres à regagner sur les torrens semblent être bien peu en proportion avec les frais d'encaissement de ces derniers : laissons la Durance, dont il est très-probable qu'on ne s'occupera de long-temps, et, choisissant l'exemple que vous avez adopté vous-même, *page 57*, nous vous dirons que les frais sont bien loin d'être couverts par la valeur des atterrissemens dont vous-même avez déterminé la quantité; et qu'on serait encore plus loin d'y atteindre, si les

Que les atterrissemens à opérer ne semblent pas valoir que l'on fasse des digues.

proportions dans lesquelles vous avez établi que seraient les digues en pierres, celles en gabions, et les plantations, venaient à être changées ; c'est-à-dire, s'il fallait moins de digues en gabions, et plus de digues en pierres : alors, à quoi bon entreprendre des travaux dont on ne saurait retirer la valeur ?

Réponse à cette objection :

A cela je ferai la réponse qui a déjà été faite *page 60*, et je dirai que, les frais des digues ne dussent-ils pas être couverts par la valeur des atterrissemens, il n'en faudrait pas moins

Conserver les terres encore subsistantes, est le principal but de l'encaissement des torrens.

construire des digues ; car ce sont bien moins les atterrissemens à obtenir qui forment le but de ces travaux, que la conservation du reste des terres des vallées. Si vous ajoutiez d'ailleurs la valeur, non pas de celles-ci tout entières, mais seulement de celles qui sont éminemment menacées, à la valeur des atterrissemens, vous verriez que le tout dépasserait de beaucoup les frais de construction des digues, même en admettant des changemens considérables dans la proportion de ce qui en devrait être exécuté en pierres, en gabions et plantations. Si j'avais voulu

D'ailleurs on n'a pas forcé la quotité des atterrissemens à obtenir,

forcer la quantité de terrains à reconquérir sur les torrens, rien n'eût été si facile, et j'aurais montré toute la dépense couverte ; mais c'est à dessein que je n'ai point forcé la quantité des atterrissemens à espérer, afin de n'être pas accusé d'établir mes suppositions de manière à séduire en faveur de mon projet.

Et l'on a réduit à moitié la valeur de ceux qui appartiendront au Gouvernement.

Que l'on veuille bien remarquer encore que j'ai réduit la valeur des atterrissemens qui appartiendraient au Gouvernement, à moitié de ce qu'elle sera pour les riverains qui les cultiveront eux-mêmes. Ainsi, ce qui ne vaut que 91,875 francs pour le premier, vaut pour les seconds, possesseurs du sol, et en recevant l'indemnité au lieu de la donner, 187,500 francs ; comme la moitié des travaux ne coûte que 261,000 francs, il s'ensuit que, pour en être indemnisés, ils n'ont à protéger contre les torrens qu'une valeur, en terres, de 73,500 francs.

Il n'en faut pas beaucoup pour cette somme, et, très-probablement, celles qui sont menacées l'excèdent considérablement;
car il n'y a pas un seul riverain des torrens qui n'élevât des
digues, s'il en avait les moyens. Il ne regarderait pas à la
dépense; il faut donc qu'à ses yeux elle soit couverte par des
avantages assez évidens : aussi s'estimerait-il heureux de conserver les champs qui lui restent, si même il ne pouvait rien
recouvrer de ceux qu'il a perdus.

Je finirai en rapprochant dans deux tableaux, sous les n.ᵒˢ 6
et 7, le nombre d'années nécessaire pour couvrir les avances
faites pour les semis, et celui nécessaire pour être remboursé
de la moitié des frais de construction des digues, suivant que le
Gouvernement usera ou n'usera pas de la ressource de la vente
de la partie des atterrissemens à laquelle ses avances lui donneront
droit, afin qu'on voie d'un coup-d'œil tout le temps qu'exigera
le complet amortissement de ces avances. Il en résultera encore (je n'ose plus le répéter, tant je l'ai dit de fois) que plus
les semis seront étendus, plus courte sera la durée de l'amortissement.

Quelques efforts que j'aie faits pour démontrer que la longueur
de cette durée ne devait pas être un motif de rejeter ce projet,
et quoique j'aie exposé, *page 75,* que les avances du Gouvernement pour les semis seraient, en réalité, bien inférieures
à ce que les établissent les tableaux n.ᵒˢ 1 et 2, puisque, chaque
année, après la dixième, ces avances vont en diminuant par
le fait de l'augmentation d'impôt subie par les terres converties
en forêts, je ne me dissimule pourtant pas que c'est cette longueur
seule qui effraiera et pourra détourner de l'exécution d'une si
grande et si utile entreprise : aussi, avant de finir, je veux tenter
une dernière observation ; et celle-ci, je la puiserai dans la bonne
foi avec laquelle j'ai traité mon sujet. Peut-être l'ai-je poussée

trop loin ; car la crainte de paraître vouloir capter les suffrages en faveur de mon projet m'a porté à ne rien dissimuler de la dépense qu'il m'a semblé devoir entraîner, tandis que, par suite du même scrupule, j'ai mis au plus bas l'augmentation de contribution dont se composera le fonds d'amortissement. Cependant, et je l'ai déjà annoncé *page 68*, je ne serais nullement étonné quand cette augmentation serait de 75 centimes au lieu de 50 par hectare ; alors la durée de l'amortissement s'abrégerait considérablement.

Afin de montrer clairement ce qu'elle serait dans cette hypothèse, j'ai dressé les tableaux n.ᵒˢ 8 et 9, où l'on verra ce dont elle diminue, suivant que le Gouvernement userait de la ressource que peut lui offrir la partie des atterrissemens à laquelle ses avances lui donnent droit, ou suivant qu'il les abandonnerait aux riverains. Cette diminution est, dans le premier cas, de trente-quatre années, terme moyen, pris sur les cinq dernières colonnes du tableau n.ᵒ 8, comparées aux cinq dernières colonnes du tableau n.ᵒ 6 ; et, dans le second cas, de trente-neuf années, aussi terme moyen, calculé de la même manière, mais entre le tableau n.ᵒ 9 et celui n.ᵒ 7.

Ce que serait la durée de l'amortissement dans un département plus riche.

Enfin j'ai été plus loin ; et, considérant que le terrain sur lequel je voulais semer était bien certainement le plus ingrat de tous ceux où une pareille entreprise puisse jamais être tentée, puisque tout y est difficulté, j'ai recherché ce qui arriverait si le champ de l'opération était dans un département plus riche, où des communications plus faciles donneraient aux nouvelles forêts une tout autre valeur.

J'ai supposé que, dans ce département, les terres incultes payaient 50 centimes de contribution par hectare, terme moyen, au lieu de 22 ; et que l'impôt assis sur les bois était, aussi terme moyen, de 2 francs par hectare, au lieu de 72 centimes. Alors

j'ai trouvé que les frais de l'opération des semis étant censés
semblables, ils seraient amortis;

En 39 années, pour 20,000 héctares semés   en 10 ans;
    40   *id.*   pour   30,000 *idem,* aussi semés en 10 *id.*
    45   *id.*   pour   60,000 *id.*   semés   en 20 *id.*
    50   *id.*   pour   90,000 *id.*   *id.*   en 30 *id.*
    55   *id.*   pour 120,000 *id,*   *id.*   en 40 *id.*
    60   *id.*   pour 150,000 *id.*   *id.*   en 50 *id.*

où l'on remarquera que, si l'opération avait été poussée jusqu'à
150,000 hectares, les frais en seraient couverts presque aussitôt
que les semis seraient achevés; car qu'est-ce que dix années
par-delà une opération qui a embrassé un demi-siècle! Ici je
dois faire remarquer que, le fonds d'amortissement étant considérable, les avances diminuent graduellement, depuis la onzième
année, avec une telle rapidité, que le Gouvernement cesse d'en
faire bien avant que les semis aient cessé, attendu que l'augmentation de contribution assise sur les forêts qui ont plus de dix
ans, augmentation dont il se sert pour ses avances, excède les
frais dès la trente-sixième année : ainsi, à dater de la trente-
cinquième année, il n'a plus un centime à débourser; il reçoit
dès-lors plus qu'il ne donne, et l'excédant sert à amortir les
avances non couvertes des années précédentes. Je dis *non couvertes,*
parce qu'une partie l'est dès la onzième année.

L'opération de semer 150,000 hectares n'exige donc plus
un demi-siècle d'avances, mais seulement trente-cinq années :
il me semble que cela n'a plus rien d'effrayant.

Je rentre dans mon exemple.

Il se pourrait que dans un tel département il n'y eût pas de
torrens à encaisser, comme dans celui des Basses-Alpes ; alors
l'amortissement serait terminé aux époques qui viennent d'être
indiquées : mais s'il y en avait à encaisser, comme le fonds

M *

d'amortissement serait beaucoup plus fort que dans les Basses-Alpes, le Gouvernement serait aussi beaucoup plutôt rentré dans ses avances pour les digues.

Supposons qu'il y ait également cinq grands torrens dont les digues coûteraient de même 1,305,000 francs, pour la moitié à la charge du Gouvernement : en admettant la chance la moins favorable à mes calculs, c'est-à-dire, le délaissement aux riverains de la partie des atterrissemens à laquelle les avances du Gouvernement lui donnent des droits, j'ai reconnu que les 1,305,000 francs seraient amortis,

En 55 années, avec *boni* de 15,000^f, si l'on avait semé 20,000 hectares ;
37	id.	id.	27,000,	idem	30,000	id.
19	id.	id.	63,000,	idem	60,000	id.
13	id.	id.	99,000,	idem	90,000	id.
10	id.	id.	135,000,	idem	120,000	id.
8	id.	id.	135,000,	idem	150,000	id.

Si l'on réunissait la durée de l'amortissement des frais des semis à la durée de l'amortissement des frais des digues, on aurait pour durée totale :

94	années, si on avait semé 20,000 hectares ;
77	id.	idem	30,000	idem.
64	id.	idem	60,000	idem.
63	id.	idem	90,000	idem.
65	id.	idem	120,000	idem.
68	id.	idem	150,000	idem.

Ces résultats sont bien différens de ceux établis par la dernière colonne des tableaux n.ºs 6 et 7, et même bien différens de ceux indiqués par la même colonne des tableaux 8 et 9, quoique ce soit celle qui présente la plus longue durée pour l'amortissement : ils sont faits pour réconcilier avec mon projet, et j'aime à le croire. Au moins donneront-ils le desir de calculer toute opération qui pourrait avoir des bases analogues ; et les calculs conduiront, je l'espère, à en tenter plus d'une qu'on n'aurait pas eu la pensée d'entreprendre. Au reste, je le répète encore, du temps n'est rien pour un Gouvernement, les résultats seuls sont quelque chose. Il doit lui suffire que l'importance en soit démontrée, et, s'il l'exige absolument, qu'il aperçoive l'époque où ses avances lui seront rentrées.

J'ignore si le mode d'amortissement que présente ce Mémoire est en usage; sans doute il est trop simple pour n'avoir pas déjà été proposé : il me paraît à moi d'autant plus avantageux, qu'il ne grève pas les départemens, puisqu'il est toujours dans une proportion infiniment plus faible que les avantages de l'entreprise qui y donne lieu, et que la charge peut cesser dès que le Gouvernement est remboursé: c'est-à-dire que, dans le cas qui nous occupe, l'augmentation de contribution sur les terres remises en forêts subsisterait, mais ne serait plus ajoutée à la contribution foncière du département des Basses-Alpes ; elle tournerait à l'allégement de cette contribution pour les autres propriétés.

Peut-être ce mode pourrait-il être appliqué à nombre d'opérations de différente nature ; beaucoup sont desirées, et ne sont pas mises à exécution faute de fonds: on peut bien faire quelques efforts, mais non réaliser en peu d'années des sommes quelquefois considérables. Nul doute que le Gouvernement n'en fît les avances, du moment où il verrait se créer des fonds d'amortissement, et pourrait calculer l'époque où ses avances lui seraient totalement rentrées : nul doute aussi que les départemens ne s'imposassent sans regret une charge modique, dont le terme leur serait connu. Je vois donc là un moyen nouveau de prospérité publique ; je dis nouveau, dans la supposition où il ne serait pas encore mis en usage.

Avant de me résumer, je préviendrai une dernière objection : l'on aura pu remarquer que je n'ai fait entrer nulle part dans mes calculs les intérêts des sommes que le Gouvernement prêterait au département ; si l'on m'en demandait le motif, je répondrais qu'il m'a semblé inadmissible de supposer qu'il voulût prêter avec intérêts à ceux-là même de qui il tient ses fonds par l'impôt ; et si j'ai parlé d'intérêts, *page 79*, je conviendrai que ce n'était que pour mieux établir les droits du Gouvernement à une partie des atterrissemens ; car jamais il n'entra dans ma pensée de faire état de ces intérêts dans mes calculs.

RÉSUMÉ.

Je vais représenter rapidement les mesures indiquées dans ce Mémoire comme indispensables pour atteindre son but ; elles sont les suivantes :

1.º Réorganiser les gardes forestiers et champêtres, afin d'obtenir toute la surveillance nécessaire au succès de l'entreprise ;

2.º Faire cesser les défrichemens sur les terrains en pente *non boisés*, en appliquant, à l'avenir, à leurs auteurs, soit l'ordonnance de 1667, soit la loi par laquelle serait remplacée cette ordonnance, si, d'après mes observations, il était jugé nécessaire de la modifier ;

3.º Semer en bois 3000 hectares chaque année, et donner, à titre d'encouragement, non-seulement les graines, et 20 francs de prime par hectare à tout propriétaire dont les semis auraient bien levé ; mais encore, après la cinquième année, lui faire remise de dix ans de contributions, si les semis s'étaient maintenus suffisamment garnis, et avaient acquis la croissance convenable, suivant l'essence et le terrain ;

4.º Mêler aux semences de bois des graines de genêt cendré et d'ajonc épineux, pour protéger les semis contre le bétail ;

5.º Semer des buis et des genêts ordinaires là où il serait à craindre que les semis de bois ne pussent réussir, afin de maintenir les terres et d'augmenter la matière des engrais;

6.º Convertir en prairies artificielles les terrains en pente qui, ayant été défrichés, n'ont pas encore été entraînés dans les vallées, et les couvrir spécialement de sainfoin, pour les mettre en état de résister à l'action des pluies et des orages, et faciliter leur mise en forêts, après leur entier raffermissement;

7.º Encaisser les torrens, et entrer pour moitié dans les dépenses, non-seulement dans la vue d'aider les communes, mais encore d'accélérer les travaux, qui craindront d'autant moins d'être renversés qu'ils seront plus rapidement exécutés;

8.º Ne commencer la construction des digues d'une vallée que vingt ans après que les montagnes dont les eaux s'y versent, seront reboisées; et, avant, préparer les plans, étudier les travaux, de manière que ces derniers soient à-la-fois le plus complets, le mieux coordonnés, le plus solides et le moins dispendieux possible.

CONCLUSION.

Par les calculs que renferme ce Mémoire, on voit qu'au moyen du mode d'amortissement que j'ai indiqué, mode bien simple et nullement onéreux au département, la rentrée des avances du Gouvernement est certaine et n'exige que du temps. Dès-lors, quel motif y aurait-il pour lui de se refuser à des avances qui sortiront un département de ses ruines, si je puis parler ainsi, et assureront les récoltes de toute l'ancienne Provence? Il ne pourrait y en avoir qu'un seul, l'impossibilité du succès. C'est à détruire l'idée de cette impossibilité que je me suis attaché. Puissé-je avoir réussi! Si j'ai fait passer dans l'esprit du Gouvernement la conviction où je suis moi-même que le projet de reboiser les Basses-Alpes, loin d'être une chimère, est parfaitement exécutable, je croirai avoir rendu un véritable service au département dont l'administration me fut un moment confiée, et lui avoir prouvé que ses intérêts ne sont jamais sortis de ma pensée.

L'opération que je propose est belle, assez belle pour tenter un Gouvernement aussi éclairé que le nôtre; elle me semble à moi tellement possible, que l'un de mes regrets est de ne pouvoir plus y mettre la main. J'avais espéré y attacher mon nom : qu'on me pardonne d'avoir eu cette ambition. Dix années de constance, et l'opération me paraissait assurée ; les succès nourrissaient le zèle ; vingt années, et les résultats commençaient ; un quart de siècle, ils étaient évidens pour tous ; un demi-siècle, et la plus belle entreprise que puissent essayer des hommes, celle de changer la nature, d'améliorer les climats, de diminuer les chances des orages, d'obtenir des cours d'eau plus constamment abondans, de dompter les torrens, de les obliger à remplacer les terres qu'ils ont emportées, de les contraindre, en un mot, à rendre ainsi la fertilité au sol qu'ils ont désolé, était couronnée du plus éclatant succès : alors on bénissait la mémoire de celui qui l'avait commencée, et l'on bénissait sur-tout le Gouvernement qui l'avait favorisée.

Paris, le 15 Septembre 1819.

DUGIED.

TABLEAUX.

TABLEAU présentant le détail des avances à faire par le Gouvernement pour favoriser la mise de 20,000 hectares de terres incultes en nature de bois, la quotité des contributions dont il fait remise aux Propriétaires, celles qu'il touche après dix ans, et la différence de celles-ci aux premières; différence qui composera le fonds d'amortissement.

ANNÉES.	NOMBRE D'HECTARES semés en nature de bois chaque année.	SOMME à accorder chaque année par le Gouvernement pour les primes.	PRIX DES GRAINES à fournir chaque année par le Gouvernement, en sus des primes.	FRAIS de transport des graines aussi à la charge du Gouvernement chaque année.	TOTAL DE LA DÉPENSE à la charge du Gouvernement chaque année.	CONTRIBUTIONS remises pendant dix années, à dater de la première, et s'élevant pour les 4/5 des semis, au terme moyen de 12 cent.ᵉˢ par hectare.	CE QUE les mêmes terres paieront de contribution après dix ans, au terme moyen de 72 centimes, et pour 4/5 des semis seulement.	DIFFÉRENCE de 30 centimes par hectare, terme moyen, devant former fonds nécessaire pour amortir les avances du Gouvernement, etc.	OBSERVATIONS.
		f	f	f	f	f	f	f	
1.re	2,000.	30,000.	18,600.	4,800.	53,400.	352.	″	″	Un cinquième des semis étant censé devoir ne pas réussir chaque année, il s'ensuit que le cinquième des terres semées ne devra point droit à la remise des contributions, et continue de les payer comme par le passé; aussi la remise qui figure à la septième colonne n'est-elle calculée que pour quatre cinquièmes des semis seulement. Par la même raison, l'augmentation portée à la huitième colonne ne porte que sur les quatre cinquièmes, de même que le font indiqué par la neuvième.
2.e	2,000.	30,000.	18,600.	4,800.	53,400.	704.	″	″	
3.e	2,000.	30,000.	18,600.	4,800.	53,400.	1,056.	″	″	
4.e	2,000.	30,000.	18,600.	4,800.	53,400.	1,408.	″	″	
5.e	2,000.	30,000.	18,600.	4,800.	53,400.	1,760.	″	″	
6.e	2,000.	30,000.	18,600.	4,800.	53,400.	2,112.	″	″	
7.e	2,000.	30,000.	18,600.	4,800.	53,400.	2,464.	″	″	
8.e	2,000.	30,000.	18,600.	4,800.	53,400.	2,816.	″	″	
9.e	2,000.	30,000.	18,600.	4,800.	53,400.	3,168.	″	″	
10.e	2,000.	30,000.	18,600.	4,800.	53,400.	3,520.	″	″	
11.e	″	″	″	″	″	3,168.	1,152.	800.	
12.e	″	″	″	″	″	2,816.	2,304.	1,600.	
13.e	″	″	″	″	″	2,464.	3,456.	2,400.	
14.e	″	″	″	″	″	2,112.	4,608.	3,200.	
15.e	″	″	″	″	″	1,760.	5,760.	4,000.	
16.e	″	″	″	″	″	1,408.	6,912.	4,800.	
17.e	″	″	″	″	″	1,056.	8,064.	5,600.	
18.e	″	″	″	″	″	704.	9,216.	6,400.	
19.e	″	″	″	″	″	352.	10,368.	7,200.	
20.e	″	″	″	″	″	″	11,520.	8,000.	
	20,000.	300,000.	186,000.	48,000.	534,000.	35,200.	63,360.	44,000.	

TABLEAU présentant le détail des avances à faire par le Gouvernement pour favoriser la mise de 150,000 hectares de terres incultes en nature de bois, la quotité des contributions remises aux Propriétaires, celles qu'il touche après dix années, et la différence de celles-ci aux premières; différence qui doit composer le fonds nécessaire à l'amortissement des avances.

ANNÉES.	NOMBRE D'HECTARES semés en nature de bois chaque année.	SOMME à avancer chaque année par le Gouvernement pour les primes.	PRIX DES GRAINES à fournir chaque année par le Gouvernement, en sus des primes.	FRAIS TOTAL de la petite dépense des primes à charge aussi à la charge du Gouvernement chaque année.	CONTRIBUTIONS remises pendant dix années à dater de la première, et seulement pour les 9/3 des semis, au terme moyen de 22 centimes.	CONTRIBUTIONS que les mêmes terres paieront après dix ans, au terme moyen de 7... centimes, et pour 4/... des semis seulement.	DIFFÉRENCE de 50 centimes par hectare, terme moyen, devant composer le fonds d'amortissement.	OBSERVATIONS.
1.re	3,000.	50,000.	27,900.	85,100.	528.	"	"	
2.e	3,000.	50,000.	27,900.	85,100.	1,056.	"	"	
3.e	3,000.	50,000.	27,900.	85,100.	1,584.	"	"	
4.e	3,000.	50,000.	27,900.	85,100.	2,112.	"	"	
5.e	3,000.	50,000.	27,900.	85,100.	2,640.	"	"	
6.e	3,000.	50,000.	27,900.	85,100.	3,168.	"	"	
7.e	3,000.	50,000.	27,900.	85,100.	3,696.	"	"	
8.e	3,000.	50,000.	27,900.	85,100.	4,224.	"	"	
9.e	3,000.	50,000.	27,900.	85,100.	4,752.	"	"	
10.e	3,000.	50,000.	27,900.	85,100.	5,280.	"	"	
11.e	3,000.	50,000.	27,900.	85,100.	5,280.	1,728.	1,200.	
12.e	3,000.	50,000.	27,900.	85,100.	5,280.	3,456.	2,400.	
13.e	3,000.	50,000.	27,900.	85,100.	5,280.	5,184.	3,600.	
14.e	3,000.	50,000.	27,900.	85,100.	5,280.	6,912.	4,800.	
15.e	3,000.	50,000.	27,900.	85,100.	5,280.	8,640.	6,000.	
16.e	3,000.	50,000.	27,900.	85,100.	5,280.	10,368.	7,200.	
17.e	3,000.	50,000.	27,900.	85,100.	5,280.	12,096.	8,400.	
18.e	3,000.	50,000.	27,900.	85,100.	5,280.	13,824.	9,600.	
19.e	3,000.	50,000.	27,900.	85,100.	5,280.	15,552.	10,800.	
20.e	3,000.	50,000.	27,900.	85,100.	5,280.	17,280.	12,000.	
A reporter	60,000	1,000,000.	558,000.	1,702,000.	81,840.	95,040.	66,000.	

OBSERVATIONS.

Pour se servir de ce tableau, et arriver à connaître les avances qu'exigera une opération de tant de semis, et le nombre d'années où ces avances seront amorties, on s'y prend de la manière suivante:

Je supposerai, pour plus de clarté, qu'il s'agisse d'un semis de 60,000 hectares.

Je connaîtrai la quantité des avances en argent, en additionnant les vingt premières lignes de la sixième colonne, puisqu'un semis de 60,000 s'opère en vingt ans, ci 1,702,000

Et la quantité des contributions remises, en additionnant les vingt premières lignes de la septième colonne, puis les neuf dernières, puisque les contributions remises vont chaque année en diminuant quand les semis sont faits, ci 105,600

TOTAL des encouragemens...... 1,807,600

Et afin de savoir en combien d'années le Gouvernement en sera remboursé, je compte d'abord dix ans pendant lesquels il ne touchera rien, puisqu'au contraire il fait abandon des contributions qu'il devrait recevoir, ci .... 10 années.

J'additionne ensuite ce qu'il reçoit en contributions excédant celles que payaient les terres incultes, et cela pendant vingt ans, puisque cet excédent croît encore dix années après que les semis sont faits, ci .... 20 années.
... en contributions, ci 252,000

Je retranche cette somme des avances, c'est-à-dire de 1,807,600 fr., et divise le reste par 24,000 fr., maximum de l'excédent ci-dessus, après vingt ans de son origine; je trouve soixante-quatre ans et un reste qui m'oblige à forcer d'une année, ci .... 65 années.

Ainsi il faut .... 95 années.

pour que les avances d'un semis de 60,000 hectares, soient totalement rentrées au Gouvernement.

Je n'ai pas besoin de répéter que sur ce tableau, comme sur le précédent, on a fait état, aux septième, huitième et neuvième colonnes, du dépérissement d'un cinquième des semis.

ANNÉES.	NOMBRE D'HECTARES semés en nature de bois chaque année.	SOMME à accorder chaque année par le Gouvernement pour les primes.	PRIX DES GRAINES à fournir chaque année par le Gouvernement, en sus des primes.	FRAIS TOTAL de vingt ans, ou DÉPENSE à la charge du Gouvernement chaque année.	CONTRIBUTIONS remises pendant dix années à dater de la première, et seulement pour les 4/5 des semis, au terme moyen de 22 centimes.	CONTRIBUTIONS que les mêmes terres paieront après dix ans, au terme moyen de 71 centimes, et pour 4/5 des semis seulement.	DIFFÉRENCE de 50 centimes par hectare, terme moyen, devant composer le fonds d'amortissement.	OBSERVATIONS.
Report..........	60,000.	1,000,000.	558,000.	144,002,000.	81,840.	95,040.	66,000.	
21.ᵉ	3,000.	50,000.	27,900.	7,285,100.	5,280.	19,008.	13,200.	
22.ᵉ	3,000.	50,000.	27,900.	7,285,100.	5,280.	20,736.	14,400.	
23.ᵉ	3,000.	50,000.	27,900.	7,285,100.	5,280.	22,464.	15,600.	
24.ᵉ	3,000.	50,000.	27,900.	7,285,100.	5,280.	24,192.	16,800.	
25.ᵉ	3,000.	50,000.	27,900.	7,285,100.	5,280.	25,920.	18,000.	
26.ᵉ	3,000.	50,000.	27,900.	7,285,100.	5,280.	27,648.	19,200.	
27.ᵉ	3,000.	50,000.	27,900.	7,285,100.	5,280.	29,376.	20,400.	
28.ᵉ	3,000.	50,000.	27,900.	7,285,100.	5,280.	31,104.	21,600.	
29.ᵉ	3,000.	50,000.	27,900.	7,285,100.	5,280.	32,832.	22,800.	
30.ᵉ	3,000.	50,000.	27,900.	7,285,100.	5,280.	34,560.	24,000.	
31.ᵉ	3,000.	50,000.	27,900.	7,285,100.	5,280.	36,288.	25,200.	
32.ᵉ	3,000.	50,000.	27,900.	7,285,100.	5,280.	38,016.	26,400.	
33.ᵉ	3,000.	50,000.	27,900.	7,285,100.	5,280.	39,744.	27,600.	
34.ᵉ	3,000.	50,000.	27,900.	7,285,100.	5,280.	41,472.	28,800.	
35.ᵉ	3,000.	50,000.	27,900.	7,285,100.	5,280.	43,200.	30,000.	
36.ᵉ	3,000.	50,000.	27,900.	7,285,100.	5,280.	44,928.	31,200.	
37.ᵉ	3,000.	50,000.	27,900.	7,285,100.	5,280.	46,656.	32,400.	
38.ᵉ	3,000.	50,000.	27,900.	7,285,100.	5,280.	48,384.	33,600.	
39.ᵉ	3,000.	50,000.	27,900.	7,285,100.	5,280.	50,112.	34,800.	
40.ᵉ	3,000.	50,000.	27,900.	7,285,100.	5,280.	51,840.	36,000.	
A reporter........	120,000.	2,000,000.	1,116,000.	288,064,000.	187,440.	803,520.	558,000.	

ANNÉES.	NOMBRE D'HECTARES semés en nature de bois, chaque année.	SOMME à avancer chaque année par le Gouvernement pour les primes.	PRIX DES GRAINES à fournir chaque année par le Gouvernement en sus des primes.	FRAIS de transport des graines aussi à la charge du Gouvernement.	TOTAL DE LA DÉPENSE à la charge du Gouvernement par année.	CONTRIBUTIONS remises pendant six années à dater de la première, et seulement pour les 4/5 des semis, au terme moyen de 22 centimes.	CONTRIBUTIONS que les mêmes terres paieront après dix ans, au terme moyen de 72 centimes, et pour 4/5 des semis seulement.	DIFFÉRENCE de 50 centimes par hectare, terme moyen, devant composer le fonds d'amortissement.	OBSERVATIONS.
Report	120,000.	2,000,000.	1,116,000.	288,000.	3,404,000.	187,440.	803,520.	558,000.	
41.ᵉ	3,000.	50,000.	27,900.	7,200.	85,100.	5,280.	53,568.	37,200.	
42.ᵉ	3,000.	50,000.	27,900.	7,200.	85,100.	5,280.	55,296.	38,400.	
43.ᵉ	3,000.	50,000.	27,900.	7,200.	85,100.	5,280.	57,024.	39,600.	
44.ᵉ	3,000.	50,000.	27,900.	7,200.	85,100.	5,280.	58,752.	40,800.	
45.ᵉ	3,000.	50,000.	27,900.	7,200.	85,100.	5,280.	60,480.	42,000.	
46.ᵉ	3,000.	50,000.	27,900.	7,200.	85,100.	5,280.	62,208.	43,200.	
47.ᵉ	3,000.	50,000.	27,900.	7,200.	85,100.	5,280.	63,936.	44,400.	
48.ᵉ	3,000.	50,000.	27,900.	7,200.	85,100.	5,280.	65,664.	45,600.	
49.ᵉ	3,000.	50,000.	27,900.	7,200.	85,100.	5,280.	67,392.	46,800.	
50.ᵉ	3,000.	50,000.	27,900.	7,200.	85,100.	5,280.	69,120.	48,000.	
51.ᵉ						4,752.	70,848.	49,200.	
52.ᵉ						4,224.	72,576.	50,400.	
53.ᵉ						3,696.	74,304.	51,600.	
54.ᵉ						3,168.	76,032.	52,800.	
55.ᵉ						2,640.	77,760.	54,000.	
56.ᵉ						2,112.	79,488.	55,200.	
57.ᵉ						1,584.	81,216.	56,400.	
58.ᵉ						1,056.	82,944.	57,600.	
59.ᵉ						528.	84,672.	58,800.	
60.ᵉ							86,400.	60,000.	
TOTAUX	150,000.	2,500,000.	1,395,000.	360,000.	4,255,000.	264,000.	2,203,200.	1,530,000.	

O

N.°

RÉCAPITULATION présentant le total des avances que nécessiteraient les opérations pour lesquelles les tableaux 1 et 2 ont été dressés, le nombre d'années qu'exigerait l'amortissement de ces avances, et ce que sera le fonds d'amortissement après les avances payées.

TABLEAUX.	QUANTITÉ D'HECTARES semée.	EN COMBIEN d'années.	TOTAL DES AVANCES du Gouvernement pour les primes.	TOTAL DES AVANCES du Gouvernement pour les graines.	TOTAL des contributions remises à titre d'encouragemens.	TOTAL GÉNÉRAL des dévelopemens.	NOMBRE d'années nécessaire à l'amortissement des avances du Gouvernement portées dans la colonne précédente.	CE QUE SERAIT le fonds d'amortissem.t après ce nombre d'années.	DURÉE de l'amortissement si le terme moyen de l'augmentation des contributions était de 75 centimes.	CE QUE SERAIT le fonds d'amortissem.t après ce nombre d'années.	OBSERVATIONS.
1.er TABLEAU.........	20,000.	10.	300,000.	234,000.	35,200.	569,200.	86.	8,000.	62.	12,000.	On voit par l'avant-dernière colonne que la durée de l'amortissement serait abrégée de près du quart, si le terme moyen de l'augmentation à suivre par les terres incultes converties en forêts était de 75 centimes, au lieu de 50.
	30,000.	10.	500,000.	351,000.	52,800.	903,800.	90.	12,000.	65.	18,000.	
	60,000.	20.	1,000,000.	702,000.	105,600.	1,807,600.	95.	24,000.	70.	36,000.	La dernière colonne laisse entrevoir que si l'on pouvait appliquer un fonds pareil à l'amortissement des avances pour la construction des digues, l'amortissement serait aussi beaucoup plus vite, et en effet sa durée se trouverait diminuée d'un tiers environ.
2.e TABLEAU.........	90,000.	30.	1,500,000.	1,053,000.	158,400.	2,711,400.	100.	36,000.	75.	54,000.	
	120,000.	40.	2,000,000.	1,404,000.	211,200.	3,615,200.	105.	48,000.	80.	72,000.	
	150,000.	50.	2,500,000.	1,755,000.	264,000.	4,519,000.	110.	60,000.	85.	90,000.	

TABLEAU servant à montrer en combien d'années s'opère l'amortissem[ent des] avances du Gouvernement pour la construction des digues, lorsqu'il use de la ressource que lui offre la vente de la partie d[es atte]rrissemens à laquelle il a droit par suite de ses avances.

NOMBRE DE VALLÉES dont les torrens sont encaissés.	MOITIÉ DE LA DÉPENSE à la charge du Gouvernement.	PRODUIT DE LA VENTE de la moitié des atterrissemens, acquise au Gouvernement par le défaut de rembours. de ses avances, la valeur du sol défalquée.	SOMME RESTANT À AMORTIR au moyen de l'augmentation de contribution à subir par les nouvelles forêts	NOMBRE D'ANNÉES nécessaire à l'amortissement de la somme portée dans la colonne précédente, l'augmentation de contributions résultant de la conversion des terres incultes en forêts étant de, SAVOIR :					
				8,000 francs pour un semis de 30,000 hectares.	12,000 francs pour un semis de 30,000 hectares.	23,000 francs pour un semis de 60,000 hectares.	36,000 francs pour un semis de 90,000 hectares.	48,000 francs pour un semis de toujours hectares.	60,000 francs pour un semis de 150,000 hectares.
1.	261,000f	91,875f	169,125f	22.	15.	8.	5.	4.	3.
2.	522,000.	183,750.	338,250.	43.	29.	15.	10.	8.	6.
3.	783,000.	275,625.	507,375.	64.	43.	22.	15.	11.	9.
4.	1,044,000.	367,500.	676,500.	85.	57.	29.	19.	15.	12.
5.	1,305,000.	459,375.	845,625.	106.	71.	36.	24.	18.	15.

TABLEAU indiquant le nombre d'années qu'exi[ge l'a]mortissement des avances du Gouvernement pour les digues, lorsqu'il abandon[ne les a]tterrissemens aux riverains.

NOMBRE DE VALLÉES dont les torrens sont encaissés.	MOITIÉ de LA DÉPENSE à la charge du Gouvernement.	NOMBRE D'ANNÉES nécessaire pour couvrir [les avances] du Gouvernement, avec le seul fonds d'amortissement résultant de l'augm[entatio]n de contributions à subir par les nouvelles forêts, les atterrissemens ayant été abandon[nés aux] riverains, sachant que le fonds d'amortissement est de, SAVOIR :					
		8,000 francs pour un semis de 20,000 hectares.	12,000 francs pour un semis de 30,000 hectares.	24,000 francs pour un semis de 60,000 hectares.	36,000 francs pour un semis de 90,000 hectares.	48,000 francs pour un semis de 120,000 hectares.	60,000 francs pour un semis de 150,000 hectares.
1.	261,000f	33.	22.	11.	8.	6.	5.
2.	522,000.	66.	44.	22.	15.	11.	9.
3.	783,000.	98.	66.	33.	22.	17.	14.
4.	1,044,000.	131.	87.	44.	29.	22.	18.
5.	1,305,000.	164.	109.	55.	37.	28.	22.

Tableau présentant le nombre d'années nécessaire à l'amortissem[ent des] avances du Gouvernement, tant pour les semis que pour les digues, les atterrissemens auxquels il aurait dr[oit] par lui délaissés aux riverains.

NOMBRE D'HECTARES incultes mis en forêts.	QUOTITÉ DU FONDS d'amortissement, dix ans après que ce nombre d'hectares est mis en forêts.	Nombre d'années qu'exigera l'amortissement des avances pour les semis, suivant la quantité d'hectares convertie en forêts.	NOMBRE DES années qu'exigera l'amortissement des avances pour les digues, en abandonnant les atterrissemens aux riverains, et suivant qu'il sera:					TOTAL DES ANNÉES qu'exigera l'amortissement des avances pour les semis, et des avances pour les digues, en abandonnant les atterrissemens aux riverains, suivant qu'il aura été encaissé:				
			1 hectare.	2 hectares.	3 hectares.	4 hectares.	5 hectares.	1 hectare.	2 hectares.	3 hectares.	4 hectares.	5 hectares.
20,000.	8,000f	86.	33.	66.	98.	131.	164.	119.	152.	184.	217.	250.
30,000.	12,000.	90.	22.	44.	66.	87.	109.	112.	134.	156.	177.	199.
60,000.	24,000.	95.	11.	22.	33.	44.	55.	106.	117.	128.	139.	150.
90,000.	36,000.	100.	8.	15.	22.	29.	37.	108.	115.	122.	129.	137.
120,000.	48,000.	105.	6.	11.	17.	22.	28.	111.	116.	122.	127.	133.
150,000.	60,000.	110.	5.	9.	14.	18.	22.	113.	119.	124.	128.	132.

Tableau indiquant le nombre d'années nécessaire à l'amortissem[ent des] avances du Gouvernement, tant pour les semis que pour les digues, en usant de la ressource qu'offre la vente de la partie [des atter]rissemens à laquelle ses avances lui donnent droit.

NOMBRE D'HECTARES incultes converti en forêts.	QUOTITÉ DU FONDS d'amortissement, dix ans après que ce nombre d'hectares est mis en forêts.	Nombre d'années qu'exigera l'amortissement des avances pour les semis, suivant le nombre d'hectares mis en forêts.	NOMBRE qu'exigera l'amortissement des avances pour les digues, en usant de la ressource qu'offre la vente des atterrissemens [auxquels le Gou]vernement a droit, défalcation faite de la valeur du n[euf], [et suivant qu']il aura été encaissé:					TOTAL DES ANNÉES qu'exigera l'amortissement des avances du Gouvernement, tant pour les digues que pour les semis, en usant de la ressource de la vente des atterrissemens auxquels il a droit, et suivant qu'il aura été encaissé:				
			1 hectare.	2 hectares.	3 hectares.	4 hectares.	5 hectares.	1 hectare.	2 hectares.	3 hectares.	4 hectares.	5 hectares.
20,000.	8,000f	86.	22.	43.	64.	85.	106.	108.	129.	150.	171.	192.
30,000.	12,000.	90.	15.	29.	43.	57.	71.	105.	119.	133.	147.	161.
60,000.	24,000.	95.	8.	15.	22.	29.	36.	103.	110.	117.	124.	131.
90,000.	36,000.	100.	5.	10.	15.	19.	24.	105.	110.	115.	119.	124.
120,000.	48,000.	105.	4.	8.	11.	15.	18.	109.	113.	116.	120.	123.
150,000.	60,000.	110.	3.	6.	9.	12.	15.	113.	116.	119.	122.	125.

N.

TABLEAU présentant le nombre d'années nécessaire à l'amortissement ⟨des ava⟩nces du Gouvernement, tant pour les semis que pour les digues, les atterrissemens auxquels il aurait droit étant par lui délaissés a⟨ux riv⟩erains, et l'augmentation de contributions à subir par les nouvelles forêts étant supposée de 75 centimes, terme moyen, au lieu de 5⟨0⟩.

NOMBRE D'HECTARES incultes converti en forêts.	QUOTITÉ DU FONDS d'amortissement, dix ans après la mise en forêts de ce nombre d'hectares.	NOMBRE D'ANNÉES qu'exigera l'amortissement des avances pour les semis, suivant la quantité d'hectares mise en forêts.	NOMBRE D'ANNÉES qu'exigera l'amortissement des avances pour les digues, en abandonnant aux riverains la partie des atterrissemens à laquelle ces avances lui donnent, et suivant qu'il aura encaissé :					TOTAL DES ANNÉES qu'exigera l'amortissement, tant des avances pour les semis que des avances pour les digues, les atterrissemens étant délaissés aux riverains, et suivant qu'il aura été encaissé :				
			1 torrent.	2 torrens.	3 torrens.	4 torrens.	5 torrens.	1 torrens.	2 torrens.	3 torrens.	4 torrens.	5 torrens.
20,000.	12,000f	62.	22.	44.	66.	87.	109.	84.	106.	128.	149.	171.
30,000.	18,000.	65.	15.	29.	44.	58.	73.	80.	94.	109.	123.	138.
60,000.	36,000.	70.	8.	15.	22.	29.	37.	78.	85.	92.	99.	107.
90,000.	54,000.	75.	5.	10.	15.	20.	25.	80.	85.	90.	95.	100.
120,000.	72,000.	80.	4.	8.	11.	15.	19.	84.	88.	91.	95.	99.
150,000.	90,000.	85.	3.	6.	9.	12.	15.	88.	91.	94.	97.	100.

N.

TABLEAU indiquant le nombre d'années nécessaire à l'amortissement ⟨des ava⟩nces du Gouvernement, tant pour les semis que pour les digues, en usant de la ressource qu'offre la vente de la partie des atterrissemens ⟨à laq⟩uelle ses avances lui donnent droit, et en supposant que le terme moyen de l'augmentation de contributions des nouvelles forêts sera de 75 centi⟨mes au⟩ lieu de 50.

NOMBRE D'HECTARES incultes converti en forêts.	QUOTITÉ DU FONDS d'amortissement, dix ans après que ce nombre d'hectares est mis en forêts.	NOMBRE D'ANNÉES qu'exigera l'amortissement des avances pour les semis, suivant le nombre d'hectares mis en forêts.	NOMBRE D'ANNÉES qu'exigera l'amortissement des avances pour les digues, en usant de la ressource qu'offre la vente des atterrissemens auxquels le Gouvernement a droit, défalcation faite de la valeur du sol, et qu'il aura été encaissé :					TOTAL DES ANNÉES qu'exigera l'amortissement des avances du Gouvernement, tant pour les semis que pour les digues, en usant de la ressource de la vente des atterrissemens auxquels il a droit, et suivant qu'il aura été encaissé :				
			1 torrent.	2 torrens.	3 torrens.	4 torrens.	5 torrens.	1 torrens.	2 torrens.	3 torrens.	4 torrens.	5 torrens.
20,000.	12,000f	62.	15.	29.	43.	57.	71.	77.	91.	105.	119.	133.
30,000.	18,000.	65.	10.	19.	29.	38.	47.	75.	84.	94.	103.	112.
60,000.	36,000.	70.	5.	10.	15.	19.	24.	75.	80.	85.	89.	94.
90,000.	54,000.	75.	4.	7.	10.	13.	16.	79.	82.	85.	88.	91.
120,000.	72,000.	80.	3.	5.	8.	10.	12.	83.	85.	88.	90.	92.
150,000.	90,000.	85.	2.	4.	6.	8.	10.	87.	89.	91.	93.	95.

P

www.ingramcontent.com/pod-product-compliance
Lightning Source LLC
Chambersburg PA
CBHW061738050726
47598CB00002B/525